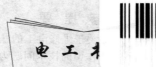

看图学电工

王 建 雷云涛 主编

河南科学技术出版社

·郑州·

内 容 提 要

本书根据最新国家职业标准中关于维修电工的基本要求及工厂维修电工的实际工作需要，以解决实际工作中的技术问题为目标，讲述了电工操作的基本技能。本书主要内容包括：电工基础知识、电工工具及仪器仪表的使用、电工基本操作、室内线路的安装、室外线路的安装、交流异步电动机的安装与维修、常用电气控制线路的安装、变压器及其维修等。

本书可作为广大电气安装与维修人员的技术用书，也可作为有关电气技术人员的参考读物，还可作为相关培训机构的教材。

图书在版编目（CIP）数据

看图学电工/王建，雷云涛主编．—郑州：河南科学技术出版社，2012.12
（电工书架）
ISBN 978－7－5349－5529－7

I.①看…　II.①王…　②雷…　III.①电工技术－图解　IV.①TM－64

中国版本图书馆 CIP 数据核字（2012）第 042335 号

出版发行：河南科学技术出版社
　　　　地址：郑州市经五路 66 号　邮编：450002
　　　　电话：(0371) 65737028　65788613
　　　　网址：www.hnstp.cn
策划编辑：孙　彤
责任编辑：张　建
责任校对：李振方
封面设计：张　伟
责任印制：朱　飞
印　　刷：河南省瑞光印务股份有限公司
经　　销：全国新华书店
幅面尺寸：140 mm×202 mm　印张：11.75　字数：380 千字
版　　次：2012 年 12 月第 1 版　2012 年 12 月第 1 次印刷
定　　价：27.00 元

《看图学电工》编委名单

前　言

　　随着经济全球化进程的不断深入，发达国家的制造业加速向发展中国家转移，我国已成为全球的加工制造基地。而目前我国高技能人才严重短缺，这个问题已经成为社会普遍关注的热点问题。针对这一问题，国家出台了《关于进一步加强高技能人才工作的意见》等相关政策，以进一步加强高技能人才的培养。

　　为了落实全国高技能人才工作会议精神，突出"加强高技能人才的实践能力和职业技能的培养，高度重视实践环节"的要求，切实解决目前人才市场上电气实用型人才短缺的问题，我们针对电气实用型人才的培养目标，组织一批学术水平高、经验丰富、实践能力强的行业一线专家在充分调研的基础上，共同研究培训目标，结合最新国家职业标准，编写了本书，使电工技术初学者能够顺利上岗并尽快胜任工作，也使有一定工作经验的电工操作人员能力提升，以适应新技术的发展。

　　本书的编写特色是：

　　1. 本书坚持"以市场为导向，以技能为核心，以满足就业为根本落脚点"的培养方针，突出实践，理论与实践相结合，所有的实例都来自生产一线。

　　2. 内容上涵盖国家职业标准对知识和技能的要求，注重现实社会发展和就业需求，以培养职业岗位群的综合能力为目标，从而有效地开展实际操作能力的培养，更好地满足企业用人的需要。

3. 编写内容充分反映新知识、新技术、新工艺和新方法。

本书由王建、雷云涛担任主编，刘来员、张凯、樊慧贞、徐丕兵、郭法梅、侯燕杰任副主编，朱彦齐、刘金玉、王惠元、郭俊梅、周仲伟也参加了本书的编写。

由于时间和水平有限，书中可能存在不当之处，敬请广大读者批评指正。

编　者
2012 年 5 月

第一章　电子元器件及电子线路

第一节　电子元器件的判别与焊接操作

一、电子元器件的判别

（一）电阻器

1. 电阻器的分类　电阻器的分类方法如下：

（1）按结构形式可分为一般电阻器、片形电阻器、可变电阻器（电位器）。电阻器、电位器的外形如图 1 - 1 - 1 所示。

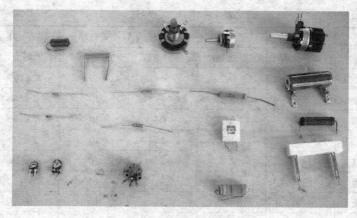

图 1 - 1 - 1　电阻器、电位器的外形

（2）按材料可分为合金型、薄膜型和合成型电阻器。

　　另外，还有敏感电阻器，也称为半导体电阻器，通常有热敏、压敏、光敏、温敏、气敏、力敏等不同类型。它们广泛应用于检测技术和自动控制领域，发展非常迅速。

　　2. 电阻器的主要技术指标

　　(1) 额定功率：电阻器在电路中长时间连续工作不被损坏，或不显著改变其性能所允许消耗的最大功率，称为电阻器的额定功率。

　　(2) 电阻值和偏差：电阻器的标称阻值和偏差都标注在电阻体上，其标志方法有直标法、文字符号法和色标法。

　　1) 直标法：直标法是用阿拉伯数字和单位符号在电阻器表面直接标出标称阻值，其允许偏差直接用百分数表示。

　　2) 文字符号法：文字符号法是用阿拉伯数字和文字符号两者有规律的组合来表示标称阻值和允许偏差。

　　3) 色标法：小功率电阻器较多使用色标法，特别是 0.5 W 以下的碳膜和金属膜电阻器。色标法的基本色码及意义如表 1-1-1 所示。

表 1-1-1　色标法

色别	第一环	第二环	第三环	第四环	第五环
	第一位数	第二位数	第三位数	应乘倍率	精度
银	—	—	—	10	K ±10%
金	—	—	—	10	J ±5%
黑	0	0	0	10	K ±10%
棕	1	1	1	10	F ±1%
红	2	2	2	10	G ±2%
橙	3	3	3	10	
黄	4	4	4	10	—
绿	5	5	5	10	D ±0.5%

续表

色别	第一环	第二环	第三环	第四环	第五环
	第一位数	第二位数	第三位数	应乘倍率	精度
蓝	6	6	6	10	C ±0.25%
紫	7	7	7	10	B ±0.1%
灰	8	8	8	10	—
白	9	9	9	10	+5%，−20%

　　色标电阻（色环电阻）器的色环可分为三环、四环、五环三种，如图1-1-2所示。

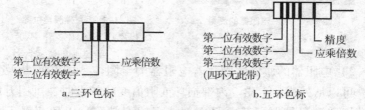

a.三环色标　　　　　　　　　b.五环色标

图1-1-2　电阻色环含义

　　三环色标电阻：表示标称阻值（精度均匀±20%）。

　　四环色标电阻：表示标称阻值及精度。

　　五环色标电阻：表示标称阻值（三位有效数字）及精度。为避免混淆，第五色环的宽度是其他色环的1.5~2倍。

　　（3）电位器：电位器对外有三个引出端，其中两个为固定端，一个为滑动端（也称中心抽头）。滑动端在两个固定端之间的电阻体上做机械运动，使其与固定端之间的电阻发生变化。其外形如图1-1-3所示。

　　（4）电阻器、电位器的测量与质

图1-1-3　电位器

量判别：

1）电阻器、电位器的测量：通常可用万用表电阻挡进行测量。测量中手指不要触碰被测固定电阻器的两根引出线，避免人体电阻对测量精度产生影响。测量方法如图1－1－4所示。

图1－1－4　电阻器的测量　　　　图1－1－5　碳膜电位器
　　　　　　　　　　　　　1. 焊片1　2. 焊片2　3. 焊片3
　　　　　　　　　　　　　　　　4. 接地焊片

2）电阻器的质量判别：若电阻器的电阻体或引线折断及烧焦，可以从外观上看出。内部损坏或阻值变化较大时，可用万用表欧姆挡测量核对。若电阻内部或引线有缺陷，以致接触不良时，用手轻轻地摇动引线，可以发现松动现象；用万用表测量时，指针指示不稳定。

3）电位器的质量判别：图1－1－5是最常见的碳膜电位器。焊片"1"和"3"两端的电阻值是电位器的标称阻值，焊片"2"是引出端。用万用表测"2"、"3"之间电阻值时，顺时针旋转电位器轴，阻值应从零变化到电位器标称值；"1"和"2"之间的阻值变化则相反。测量过程中如万用表指针平稳移动而无跌落、跳跃或抖动等现象，则说明电位器正常。

4）热敏电阻器的检测：检测热敏电阻器时，在常温下用万用表$R \times 1$ Ω 挡来测量。在正常时的测量值应与其标称阻值相同或接近（误差在 ± 2 Ω）。如图1－1－6所示。

用升温的电烙铁靠近热敏电阻器，并测量其阻值，正常时其

图 1 - 1 - 6 热敏电阻器的检测

阻值应随温度的上升而增大。如图 1 - 1 - 7 所示。

5）压敏电阻器的检测：检测压敏电阻器时，一般用万用表 $R \times 1 \Omega$ 挡来测量其两脚正反向电阻值。正常时该阻值为无穷大，反之说明压敏电阻器漏电电流大，不能再使用。如果压敏电阻器的压敏电压下降，也不能使用，只不过用万用表无法对此进行判断。如图 1 - 1 - 8 所示。

图 1 - 1 - 7 用升温的电烙铁靠近热敏电阻器测量

图 1 - 1 - 8 压敏电阻器的检测

（二）电容器

电容器是由两个金属电极中间夹一层绝缘体（又称为电介质）所构成的。当在两个电极间加电压时，电容器上就会储存电荷，所以电容器是一种能存储和释放电能的元件。电容器具有阻止直流通过，而允许交流通过的特点，即所谓的"隔直通交"。

1. 电容器的分类 电容器按结构可分为固定电容器、可变电容器及微调（或称半可变）电容器；按介质可分为固体有机介质电容器、固体无机介质电容器、气体介质电容器、电解质电容器。

常见电容器的外形及电路符号如图 1-1-9 所示。

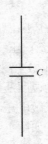

图 1-1-9　常见电容器的外形及电路符号

2. 电容器的命名方法 电容器的产品型号一般由以下四部分组成，型号中符号的含义如表 1-1-2 所示。

第一部分：为主称，用字母 C 表示电容器。

第二部分：表示介质材料，用字母表示。

第三部分：表示分类，用字母或数字表示。

第四部分：表示序号，用数字表示。

表 1-1-2　电容器型号中符号的含义

介质材料		分　类				
符号	含义	序号	含义			
			瓷介电容器	云母电容器	电解电容器	有机电容器
C	高频陶瓷	1	圆片	非密封	箔式	非密封

介质材料		分　类				
			含义			
符号	含义	序号	瓷介电容器	云母电容器	电解电容器	有机电容器
T	低频陶瓷	2	管形	非密封	箔式	非密封
Y	云母	3	叠片	密封	烧结粉、液体	密封
Z	纸	4	独石	密封	烧结粉、固体	密封
J	金属化纸	5	穿心			穿心
I	玻璃釉	6	支柱			
L	涤纶薄膜	7			无极式	

3. 电容器的主要参数

（1）电容器的标称容量和偏差：不同材料制造的电容器，其标称容量系列也不一样，一般电容器的标称容量系列与电阻器采用的系列相同，即 E24、E12、E6 系列。

电容器的实际容量与标称容量的最大允许偏差，称为电容器的允许偏差。E24 ～ E26 系列固定电容器分为 3 级：Ⅰ 级为 ±5%，Ⅱ 级为 ±10%，Ⅲ 级为 ±20%。精密型电容器的允许偏差较小，可采用 00 级和 0 级，00 级为 ±1%，0 级为 ±2%。而对于 E3 系列电容器的允许偏差可采用不对称偏差，如表 1 - 1 - 3 所示。固定电容器中的标称容量小于 10 pF 的无机介质电容器，所用允许偏差一般为绝对允许偏差，即直接标出其允许偏差，如表 1 - 1 - 4 所示。

表 1 - 1 - 3　电容器不对称允许偏差含义

字母	H	R	T	Q	S	Z	无标记
含义	+ 100 0	+ 100 − 10	+ 50 − 10	+ 30 − 10	+ 50 − 20	+ 80 − 20	+ 不规定 − 20

表 1 - 1 - 4　　电容器绝对允许偏差含义

字母	B	C	D	E
含义	+ 100 0	+ 100 - 10	+ 50 - 10	+ 30 - 10

电容的标称容量和偏差一般都标在电容体上，其标注方法常采用直标法、数码表示法和色码表示法。色码表示法与电阻器的色环表示法类似，颜色涂于电容器的一端或从顶端向引线排列。色码一般只有三种颜色，前两环为有效数字，第三环为位率，单位为皮法（pF）。

（2）电容器的额定直流工作电压：指电容器在线路中能够长期可靠地工作而不被击穿时所能承受的最大直流电压（又称为耐压值）。它的大小与介质的种类和厚度有关。一般标注在外壳上。

电容器的参数还有漏电电阻和漏电电流。电容器的介质并不是绝对的绝缘体，或多或少总有些漏电。一般小容量的电容器的漏电电阻值为∞，而大容量的电容器的漏电电阻较小，造成漏电电流较大，易使电容器因过热而损坏。

4. 电容器的参数表示

（1）直标法：指在电容器上用数字直接标注主要参数的方法，如 470 pF ± 10%，160 V。

（2）文字符号法：电容器的文字符号法与电阻器的这一表示方法类似。如 P1 表示 0.1 pF，1n 表示 1000 pF。

（3）数码表示法：指用三位整数表示电容器的标称容量，然后用一个字母表示允许偏差。在三位数中，前两位数字表示有效数字，第三位表示倍乘（在瓷介电容器中，第三位乘数为"9"，表示 10^{-1}），标称容量的单位是 pF。

（4）色标法：电容器的标称容量、允许偏差的色标表示规则与电阻器的一样。当色码要表示两个重复的数字时，可用宽一倍的色码来表示。图1－1－10a所示的电容器标称容量和允许偏差为220pF±5%；图1－1－10b所示的电容器的标称容量和允许偏差为0.047μF±10%。

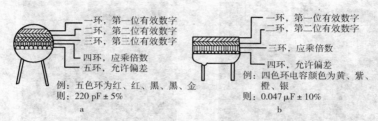

图1－1－10 电容器的色标法

5. 电容器的测试 通常用万用表的欧姆挡来判别电容器的性能、好坏、容量、极性等。测试时要合理选用万用表的量程，对5000pF以下的电容器应选用电容表测量。

（1）固定电容器的性能和好坏判别：将万用表的两表笔接触电容器的两极，表头指针应先正方向偏转，然后逐渐向反方向复位，即退至$R=\infty$处。如不能复位，则稳定后的读数表示电容器的漏电阻值。其值一般为几百到几千兆欧，阻值越大，绝缘性越好。如在测试过程中，表头指针无偏转现象，说明电容器内部已断路；如指针正偏后无返回现象，且电阻值很小或为零，说明内部已短路，不能使用。对容量较小的电容器，指针偏转很不明显。固定电容器的测试如图1－1－11所示。

（2）电容器容量的判别：用表笔接触电容器两端时，表头指针先正偏，然后逐渐复位。接着对调红、黑表笔，表头指针又偏转，偏转幅度较前次大，并又逐渐复位。电容器的容量越大，指针偏转幅度越大，复位速度越慢。这样可以粗略判别其大小，具体容量必须经过电容表来测量。

（3）电解电容器的极性判别：根据电解电容器正接时漏电阻值小、反接时漏电阻值大的现象，可判别其极性。用万用表测量电解电容器正、反向漏电电阻，两次测量中，测得阻值大的一次，黑表笔所接触的是正极（因为黑表笔与表内电池的正极相接，数字万用表则相反）。电解电容器的极性判别如图 1 – 1 – 12 所示。

图 1 – 1 – 11   固定电容器的测试

图 1 – 1 – 12   电解电容器的极性判别

（三）电感器

1. 电感器的分类   电感器的种类很多，而且分类标准也不一样。通常按电感量变化情况分为固定电感器、可变电感器、微调电感器等；按电感器线圈内介质不同分为空心电感器、铁芯电感器、磁芯电感器、铜芯电感器等；按绕制特点不同分为单层电感器、多层电感器、蜂房电感器等。常见电感器的外形及图形符号如图 1 – 1 – 13 所示。

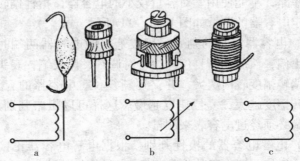

图 1 – 1 – 13   常见电感器的外形及图形符号

2. 电感器的型号命名

固定电感线圈的型号由 4 部分组成：

（1）第一部分：主称，用字母 L 表示电感线圈，用 ZL 表示阻流圈。

（2）第二部分：特征，常用字母 G 表示高频。

（3）第三部分：结构形式，用字母表示。

（4）第四部分：区分代号，用数字表示。如 LGX 表示为小型高频电感线圈，LG1 表示为卧式高频电感线圈。

3. 主要技术参数及其识别方法

（1）电感线圈的主要技术参数：

1）电感量 L：线圈的电感量 L 也叫作自感系数或自感，是表示线圈产生自感能力的一个物理量。其单位为亨（H）、毫亨（mH）和微亨（μH）。

2）品质因数 Q：线圈的品质因数也叫作优质因数，是表示线圈质量的一个物理量。它是指线圈在某一频率为 f 的交流电压下工作时所呈现的感抗（ωL）与等效损耗电阻 R 之比。即 $Q = \dfrac{\omega L}{R} = \dfrac{2\pi f L}{R}$。

频率较低时，可认为 R 等于线圈的直流电阻；频率较高时，R 应包括各种损耗在内的总等效电阻。

3）分布电容：线圈的匝与匝间、线圈与屏蔽罩间（有屏蔽罩时）、线圈与磁芯、印制电路板上下层间存在的电容均称为分布电容。分布电容的存在使线圈的 Q 值减小，稳定性变差，因而线圈的分布电容越小越好。

4. 电感器参数的识别　　较大体积的电感线圈，其电感量及标称电流均在外壳标出。变压器的额定功率、变压比和效率也都标在外壳上。

还有一种小型固定高频电感线圈，也叫色码电感器，其外壳上标以色环或直接用数字表明电感量数值，其色码标注规则与电阻器、电容器色码标注规则相同。但是电感线圈的电感量的单位是 mH。SL（卧式）型电感线圈识别示例如图 1 - 1 - 14 所示，EL（立式）型电感线圈识别示例如图 1 - 1 - 15 所示。

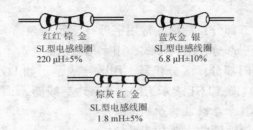

红红 棕 金
SL型电感线圈
220 μH±5%

蓝灰金 银
SL型电感线圈
6.8 μH±10%

棕灰 红 金
SL型电感线圈
1.8 mH±5%

图 1 - 1 - 14　SL 型电感线圈识别示例

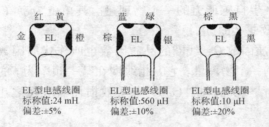

红 黄
金 EL 橙
EL型电感线圈
标称值:24 mH
偏差:±5%

蓝 绿
棕 EL 银
EL型电感线圈
标称值:560 μH
偏差:±10%

棕 黑
EL 黑
EL型电感线圈
标称值:10 μH
偏差:±20%

图 1 - 1 - 15　EL（立式）型电感线圈识别示例

（四）二极管的简易测试

常用的二极管有 2AP、2CP、2CZ 系列。2AP 系列主要用于检波和小电流整流，2CP 系列主要用于较小功率的整流；2CZ 系列主要用于大功率整流。一般在二极管的管壳上注有极性标记，若无标记，可利用二极管的正向电阻小、反向电阻大的特点来判别其极性。同时也可利用这一特点判断二极管的好坏。判断时常用万用表的电阻挡，对于耐压值低、电流小的二极管，只能用万用表的 $R \times 100\ \Omega$ 或 $R \times 1\ k\Omega$ 挡。

1. 性能判别　测试方法如图 1 - 1 - 16 所示，二极管正、反向电阻值相差越大越好。两者相差越大，表明二极管的单向导电特性越好。如果二极管的正、反向电阻值很接近，说明管子已坏。若正、反向电阻值都很小或为零，说明管子已被击穿，两电极已短路；若正、反向电阻值都很大，说明管子内部已断路，不能使用。

a.正向电阻小   b.反向电阻大

图 1 - 1 -16 二极管的简易测试

2. **极性判别** 在测试正、反向电阻时，当测得的阻值较小时，与黑表笔相连的那个电极是二极管的正极；当测得的阻值较大时，与黑表笔相连的电极是二极管的负极。

由于二极管的正、反向电阻和测量电流的大小相关，所以一只管子的正、反向电阻用不同的电阻挡测量出来的阻值会有差别。

（五）晶体管的简易测试

1. **管型和基极 b 的判别方法** 晶体管可以看成是两个二极管，以便于判别。用万用表电阻量程 $R \times 100\ \Omega$ 或 $R \times 1\ k\Omega$ 挡，将红表笔接某一管脚，将黑表笔分别接另外两个管脚，测得两个阻值，若两个阻值均较小时（小功率晶体管为几百欧），则红表笔所接的管脚为 PNP 管的基极，如图 1 - 1 -17a 所示。若两个阻值中有一个较大，可将红表笔改接另一只管脚再试，直到两个管脚测出的阻值均较小时为止。若测得的阻值均较大，红表笔所接的管脚为 NPN 型管的基极。

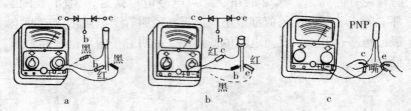

图 1 - 1 - 17 晶体管的简易测试

如用黑表笔接某一管脚，红表笔接另外两个管脚，当测得的两个阻值均较小时，黑表笔所接的管脚为 NPN 型管的基极，如图 1 - 1 - 17b 所示。若两个阻值均较大，则黑表笔所接的管脚为 PNP 型管的基极。

2. **判别集电极 c 的方法** 可以利用晶体管正向电流放大系数比反向电流放大系数大的原理确定集电极。使用万用表电阻量程 $R \times 100 \ \Omega$ 或 $R \times 1 \ k\Omega$ 挡，按图 1 - 1 - 17c 所示，两手扶住表笔和管脚，用嘴含住管子的基极，把万用表的两根表笔分别接到管子的另外两个管脚，利用人体电阻实现偏置，观察万用表的指针偏转幅度。然后对调两根表笔，同样测读阻值或指针偏摆的幅度。比较两次读数的大小，对 PNP 型管，阻值小（偏转幅度大）的一次红表笔所接的管脚为集电极；对 NPN 型管，阻值小（偏转幅度大）的一次黑表笔所接的管脚为集电极。基极和集电极判定出来以后，剩下的一个管脚就必然是发射极 e。

晶体管的极性除了用万用表判别外，还可以根据图 1 - 1 - 18 所示的管脚外形识别。

3. **穿透电流 I_{CEO} 的估测** 用万用表电阻量程 $R \times 100 \ \Omega$ 或 $R \times 1 \ k\Omega$ 挡测量集电极与发射极间的反向电阻，如图 1 - 1 - 19a 所示，测得的阻值越大，说明 I_{CEO} 越小，则晶体管稳定性越好。一般硅管比锗管的阻值大，高频管比低频管的阻值大，小功率管比大功率管的阻值大。

4. **共射极电流放大系数 β 的估测** 若万用表有测 β 的功能，

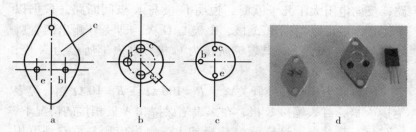

图 1 - 1 - 18　**晶体管外形识别管脚**

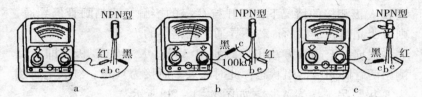

图 1 - 1 - 19　**晶体管性能的简易测试**

可直接进行测量读数；若没有测 β 的功能，可以在基极、集电极间接入一只 100 kΩ 的电阻，如图 1 - 1 - 19b 所示。此时，集电极与发射极间的反向电阻较图 1 - 1 - 19a 所示的小，即万用表指针偏转大。指针偏转幅度越大，β 值越大。

5. 晶体管的稳定性能判别　在判断 I_{CEO} 的同时，用手捏住管子，如图 1 - 1 - 19c 所示。管子受人体温度的影响，集电极与发射极间的反向电阻将有所减小；若指针偏摆较大或者说反向电阻值迅速减小，则管子的稳定性较差。

（六）晶闸管的测量

（1）将万用表转换开关置于 $R \times 1$ kΩ 挡，测量阳极 A 与阴极 K 之间、阳极与控制极 G 之间的正、反向电阻，正常时阻值很大（几百千欧）。

（2）将万用表转换开关置于 $R \times 1$ Ω 或 $R \times 10$ Ω 挡，测出 G 极对 K 极的正向电阻，一般应为几欧至几百欧，反向电阻应比正向电阻大一些。若反向电阻不太大，不能说明 G 极与 K 极间短路；反向电阻大于几千欧时，说明 G 极与 K 极间断路。根据以上测量方法可以判别出 A 极、K 极与 G 极，即一旦测出两管脚间呈低阻状态，此时黑表笔所接为 G 极，红表笔所接为 K 极，则剩余一端为 A 极。

（3）将万用表转换开关置于 $R \times 100\ \Omega$ 或 $R \times 10\ \Omega$ 挡，黑表笔接 A 极，红表笔接 K 极，在黑表笔保持和 A 极相接的情况下，同时与 G 极接触，这样就给 G 极加上一触发电压，可看到万用表上的阻值明显变小，这说明晶闸管因触发而导通。在保持黑表笔和 A 极相接的情况下，断开与 G 极的接触，若晶闸管仍导通，则说明晶闸管是好的；若不导通，则是坏的。

根据以上测量方法可以判别出 A 极、K 极与 G 极，即一旦测出两管脚间呈低阻状态，此时黑表笔所接为 G 极，红表笔所接为 K 极，另一端为 A 极。如图 1 - 1 - 20 所示。

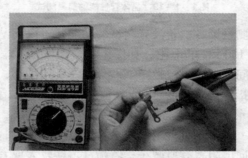

图 1 - 1 - 20　晶闸管的管脚电极的测量判别

（七）单结晶体管的测量

单结晶体管有两个基极（b_1、b_2）和一个发射极 e。测量单结晶体管时，首先将万用表转至 $R \times 100\ \Omega$ 挡，将红、黑表笔分别接单结晶体管的任意两个管脚，测读其电阻；接着对调红、黑表笔，测读电阻。若第一次测得的阻值小，第二次测得的阻值大，则第一次测试时黑表笔所接的管脚为发射极 e 极，红表笔所接管脚为基极，则另一管脚也是基极。发射极对另一个基极的测试情况也一样。若两次测得的电阻值都一样，都在 2～10 kΩ 内，那么这两个脚都为基极，另一个管脚为发射极。如图 1－1－21 所示。

图 1－1－21　测量单结晶体管

用万用表 $R \times 100$ Ω 挡测量发射极 e 极对第一基极 b_1 的正向电阻、e 极对第二基极 b_2 的正向电阻时，测得的正向电阻稍大一些的是 e 极对 b_1 极的，正向电阻稍小一些的是 e 极对 b_2 极的。

注意：单结晶体管的 e 极对 b_1、e 极对 b_2 都相当于一个二极管。在结构上单结晶体管的 e 极靠近 b_2 极。

（八）三端集成稳压器的测量

固定式三端集成稳压器有输入端、输出端和公共端三个引出端。此类稳压器属于串联调整式，除了基准、取样、比较放大和调整等环节外，还有较完整的保护电路。常用的 CW78×× 系列是正电压输出，CW79×× 系列是负电压输出。根据国家标准，其型号意义如下：

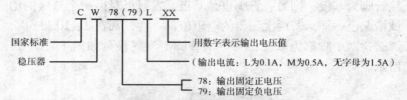

CW78××系列和CW79××系列稳压器的管脚功能有较大的差异，使用时必须注意。

三端集成稳压器一般分为5 V、6 V、9 V、12 V、15 V、18 V、20 V、24 V等；输出电流分为0.1 A、0.5 A、1 A、2 A、5 A、10 A等。三端集成稳压器输出电流字母表示法如表1-1-6所示。常见的固定式三端集成稳压器外形如图1-1-22所示，管脚排列如图1-1-23所示。

表1-1-6　三端集成稳压器输出电流字母表

L	M	（无字）	S	H	P
0.1 A	0.5 A	1 A	2 A	5 A	10 A

图1-1-22　常见的固定式三端集成稳压器外形

（九）整流桥堆的测试

测试整流桥堆时应选用指针式万用表的 $R \times 100\ \Omega$ 挡或 $R \times$

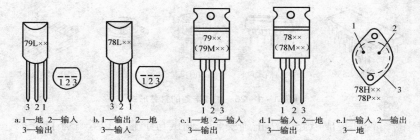

图 1-1-23 常见的固定式三端集成稳压器管脚排列图

1 kΩ挡，用黑表笔接某一管脚，若它与另外三个管脚均呈低阻状态，而表笔对换后该脚与其他脚都呈高阻，则此端为直流"＋"极，其余两端即为交流输入端。在使用时，两交流电极可互换使用，如图 1-1-24 所示。

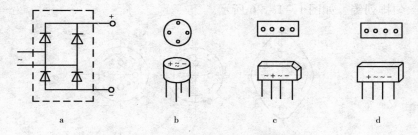

图 1-1-24 整流桥堆等效电路及管脚图

（十）集成电路

1. **集成电路（IC）的封装形式和引脚顺序识别** 集成电路的封装材料及外形有多种，最常用的封装材料有塑料、陶瓷及金属三种，封装外形可分为圆形金属外壳封装（晶体管式封装）、陶瓷扁平或塑料外壳封装、双列直插式陶瓷或塑料封装、单列直插式封装等，如图 1-1-25 所示。

集成电路的引脚分别有 3 根、5 根、7 根、8 根、10 根、12 根、14 根、16 根等多种。正确识别引出脚的排列顺序是很重要

双列直插式封装　　单列直插式封装　　TO-5型封装　　F型封装　　陶瓷扁平封装

图1-1-25　集成电路的封装形式

的，否则集成电路无法正确安装、调试与维修，以至于不能正常工作，甚至造成损坏。

集成电路的封装外形不同，其引脚排列顺序也不一样，其识别方法如下：

（1）圆筒形和菱形金属壳封装IC的引脚识别：引脚识别时应面向引脚（正视），由定位标记所对应的引脚开始，按顺时针方向依次数到底即可。常见的定位标记有凸耳、圆孔及引脚不均匀排列等，如图1-1-26所示。

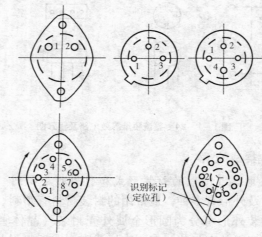

图1-1-26　圆筒形、菱形金属壳封装IC的引脚识别

（2）单列直插式IC的引脚识别：识别时应使其引脚向下，面对型号或定位标记，自定位标记多的一侧的第一根引脚数起，依次为 1，2，3……脚。此类集成电路上常用的定位标记为色点、凹坑、细条、色带、缺角等，如图 1－1－27a 所示。有些厂家生产的集成电路，本是同一种芯片，为了便于在印制电路板上灵活安装，其封装外形有多种。一种按常规排列，即自左向右；另一种则自右向左，如图 1－1－27b 所示。但有少数器件上没有引脚识别标记，这时应从它的型号上加以区别。若其型号后缀有一字母 R，则表明其引脚顺序为自右向左反向排列，如M5115PR、HA1366WR 等。如型号不缀字母 R，则引脚顺序为自左向右，如 M5115P。

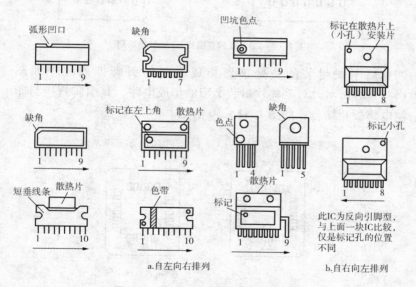

图 1－1－27　单列直插式 IC 的引脚识别

（3）双列直插式或扁平式 IC 的引脚识别：双列直插式 IC 的引脚在识别时需将其水平放置，引脚向下，即其型号、商标向上，定位标记在左边，从左下脚第一根引脚数起，按逆时针方向，依次为 1，2，3……脚，如图 1－1－28 所示。

扁平式 IC 的引脚识别方向和双列直插式 IC 的相同，例如，

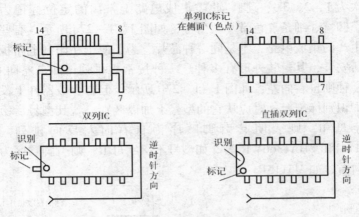

图 1-1-28　双列直插式 IC 的引脚识别

四列扁平式封装的微处理器集成电路的引脚排列顺序如图 1-1-29所示。对某些软封装类型的集成电路，其引脚直接与印制电路板相结合，如图 1-1-30 所示。

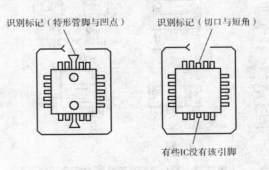

图 1-1-29　四列扁平式封装 IC 的引脚识别

2. 集成电路的检测　　对集成电路的质量检测一般分为非在路集成电路的检测和在路集成电路的检测。

（1）非在路集成电路的检测：非在路集成电路是指与实际电路完全脱开的集成电路，即集成电路本身。为减少不应有的损

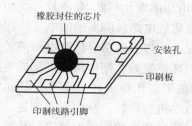

橡胶封住的芯片

安装孔

印刷板

印制线路引脚

图1-1-30　软封装IC的引脚识别

失，集成电路在往印制电路板上焊接前应先进行测试，证明其性能良好，然后再进行焊接，这一点尤其重要。

　　检测非在路集成电路好坏的方法是按制造厂商给定的测试电路和条件，逐项进行检测。而在一般性电子制作或维修过程中，较为常用的检测方法是先在印制板的对应位置上焊接上一个集成电路，在断电情况下将被测集成电路插上，通电后，若电路工作正常，说明该集成电路的性能是好的；反之，说明该集成电路的性能不良或者已损坏。此方法的优点是准确、实用，但焊接的工作量大，往往受到客观条件的限制。

　　检测非在路集成电路好坏的另一比较简单的方法是用万用表电阻挡测量集成电路各脚对地的正、负阻值。具体方法如下：将万用表拨在 $R \times 1\ \mathrm{k\Omega}$、$R \times 100\ \Omega$ 挡或 $R \times 10\ \Omega$ 挡上，先让红表笔接集成电路的接地引脚，然后将黑表笔从其第一根引脚开始，依次测出1脚，2脚，3脚……相对应的阻值（称为正阻值）；再让黑表笔接集成电路的同一接地引脚，用红表笔按上面的方法与顺序，再测出另一阻值（称为负阻值）。将测得的两组正、负阻值与标准值比较，从中发现问题。

　　（2）在路集成电路的检测：检测方法有以下几种。

　　1）根据引脚在路阻值的变化判断IC的好坏。用万用表电阻挡测量集成电路各脚对地的正、负电阻值，然后与标准值进行比较，从中发现问题。

2）根据引脚电压的变化判断 IC 的好坏。用万用表的直流电压挡依次检测在路集成电路各脚对地的电压，在集成电路供电电压符合规定的情况下，如有不符合标准电压值的引出脚，再查其外围元件，若无损坏或失效，则可认为是集成电路的问题。

3）根据引脚波形变化判断 IC 的好坏。用示波器观测引脚的波形，并与标准波形进行比较，从中发现问题。

最后，还可以用同型号的集成电路进行替换试验，这是见效最快的方法，但拆焊较麻烦。

二、焊接操作

（一）焊接工具的使用

1．电烙铁的种类和构造　常用的电烙铁有外热式、内热式、恒温式和吸锡式几种，它们都是利用电流的热效应进行焊接工作的。下面主要介绍外热式和内热式电烙铁。

（1）外热式电烙铁：外热式电烙铁的结构如图 1 - 1 - 31 所示，它是由烙铁头、烙铁芯、外壳、木柄、电源引线、插头等部分组成的。烙铁头安装在烙铁芯里面，所以被称为外热式电烙铁。

烙铁芯是电烙铁的关键部件，它是将电热丝平行地绕制在一根空心瓷管上，中间用云母片绝缘，并引出两根导线与 220 V 交流电源连接。

常用的外热式电烙铁规格有 25 W、45 W、75 W 和 100 W等。

烙铁芯的阻值不同，其功率也不相同。25 W 的阻值为 2 kΩ。因此，我们可以用万用表欧姆挡初步判别电烙铁的好坏及功率的大小。

烙铁头是用紫铜制成的，作用是储存热量和传导热量。电烙铁的温度与烙铁头的体积、形状、长短等都有一定的关系。当烙铁头的体积比较大时，则保持温度的时间就长些。另外，为适应

a. 电烙铁外形

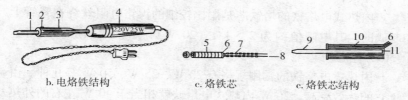

b. 电烙铁结构　　　　　c. 烙铁芯　　　　c. 烙铁芯结构

图 1 - 1 - 31　外热式电烙铁及烙铁芯的结构

1. 烙铁头　2. 烙铁头固定螺钉　3. 外壳　4. 木柄　5. 铁丝　6. 云母片
7. 瓷管　8. 引线　9. 烙铁头　10. 电热丝　11. 烙铁芯骨架

不同焊接物的要求，烙铁头的形状有所不同，常见的有尖锥式、凿式、圆斜面式等，具体的形状如图 1 - 1 - 32 所示。

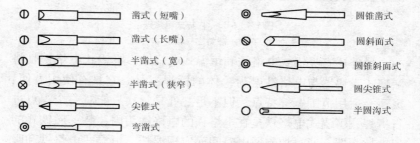

凿式（短嘴）　　　　　圆锥凿式

凿式（长嘴）　　　　　圆斜面式

半凿式（宽）　　　　　圆锥斜面式

半凿式（狭窄）　　　　圆尖锥式

尖锥式　　　　　　　　半圆沟式

弯凿式

图 1 - 1 - 32　烙铁头的形状

　（2）内热式电烙铁：内热式电烙铁具有升温快、质量轻、耗电少、体积小、热效率高的特点，应用非常普遍。内热式电烙铁的外形与结构如图 1 - 1 - 33 所示。

　内热式电烙铁是由手柄、连接杆、弹簧夹、烙铁芯、烙铁头组成的。由于烙铁芯安装在烙铁头里面，因而发热快、热利用率高，故称为内热式电烙铁。

　　内热式电烙铁头的后端是空心的，套在连接杆上，并且用弹簧夹固定。当需要更换烙铁头时，必须先将弹簧夹退出，同时用钳子夹住烙铁头的前端，慢慢地拔出，切记不能用力过猛，以免损坏连接杆。

　　内热式电烙铁的烙铁芯是用比较细的镍铬电阻丝绕在瓷管上制成的，其电阻值约为 2.5 kΩ（20 W），烙铁的温度一般可达350 ℃左右。

　　内热式电烙铁的常用规格有20 W、25 W、50 W 等几种。由于它的热效率高，20 W 内热式电烙铁就相当于40 W 左右的外热式电烙铁。

a.外形

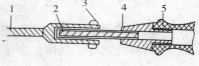
b.结构

图1－1－33　内热式电烙铁

1. 铜头 2. 芯子 3. 弹簧夹 4. 连接杆 5. 手柄

　　另外还有吸锡式电烙铁和恒温式电烙铁。吸锡式电烙铁是将活塞式吸锡器与电烙铁融为一体的拆焊工具。它具有使用方便、灵活、适用范围宽等特点，但不足之处是每次只能对一个焊点进行拆焊；恒温式电烙铁是在电烙铁的电烙铁头内，装一磁铁式的温度控制器，通过控制通电时间而实现温控。恒温式电烙铁和吸锡式电烙铁分别如图1－1－34 和图1－1－35 所示。

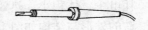

图1－1－34　恒温式电烙铁

　2. 电烙铁的选用、使用方法与注意事项

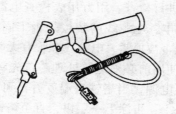

图 1 - 1 - 35　吸锡式电烙铁

（1）选用电烙铁时，应考虑以下几个方面：

1）焊接集成电路、晶体管及其他受热易损元器件时，应选用 20 W 内热式电烙铁或 25 W 外热式电烙铁。

2）焊接导线及同轴电缆时，应选用 45 ~ 75 W 的外热式电烙铁或 50 W 内热式电烙铁。

3）焊接圈套的元器件时，如大电解电容器的引线脚、金属底盘接地焊片等，应选用 100 W 以上的电烙铁。

（2）电烙铁的使用方法与注意事项：

1）电烙铁的握法。电烙铁的握法有三种，如图 1 - 1 - 36 所示。

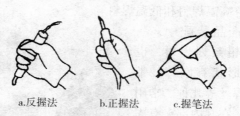

a.反握法　　　b.正握法　　　c.握笔法

图 1 - 1 - 36　电烙铁的握法

反握法就是用五个手指把电烙铁的手柄握在掌内。此法适用于大功率电烙铁焊接散热量较大的被焊件。正握法使用的电烙铁功率也比较大，且多为弯形烙铁头。握笔法适用于小功率的电烙铁。

2）使用前应进行检查。用万用表检查电源线有无短路、断路，电烙铁是否漏电，电源线的装接是否牢固，螺钉是否松动，在手柄上电源线是否被顶紧，电源线套管有无破损等。

3）新烙铁在使用前必须进行处理。首先将烙铁头锉成具体的形状，然后接上电源，当烙铁头温度升至可熔化锡的温度时，将松香涂在烙铁头上，再涂上一层锡，直至烙铁头的刃面部挂上一层锡，便可使用。

4）电烙铁不使用时，不要长期通电，以防损坏电烙铁。

5）电烙铁在焊接时，最好使用松香焊剂，以保护烙铁头不被腐蚀。电烙铁应放在烙铁架上，轻拿轻放，不要将烙铁上的焊锡乱甩。

6）更换熔芯时要注意引线不要接错，以防发生触电事故。

（二）焊料与焊剂

1. 焊料　焊料是指在钎焊中起连接作用的金属材料，它的熔点比被焊物的熔点低，而且易于与被焊物连为一体。熔点在 450 ℃ 以上的称为硬焊料，熔点在 450 ℃ 以下的称为软焊料。焊料按组成成分划分，有锡铅焊料、银焊料、铜焊料；按使用的环境温度分，有高温焊料和低温焊料。

在电子产品装配中，一般都选用锡铅系列焊料，也称焊锡。其形状有圆片、带状、球状、焊丝等几种。常用的是焊锡丝，在其内部夹有固体焊剂松香。焊锡丝的直径有 4 mm、3 mm、2 mm、1.5 mm 等规格。如图 1 - 1 - 37 所示。

图 1 - 1 - 37　焊丝和焊剂

焊锡在 180 ℃ 时便可熔化，使用 25 W 外热式或 20 W 内热式电烙铁便可以进行焊接。它具有一定的机械强度，导电性能、抗腐蚀性能良好，对元器件引线和其他导线的附着力强，不易脱落。因此，焊锡在焊接技术中得到了极其广泛的应用。

2. 焊剂 在进行焊接时，为使被焊物与焊料焊接牢靠，就必须去除焊件表面的氧化物和杂质。去除杂质通常有机械方法和化学方法，机械方法是用砂纸和刀子将氧化层去掉，化学方法则是借助于焊剂清除。焊剂同时也能防止焊件在加热过程中被氧化。焊剂可把热量从烙铁头快速地传递到被焊物上，使预热的速度加快。

松香酒精焊剂是用无水乙醇溶解纯松香配制成 25% ~ 30% 的乙醇溶液，其优点是没有腐蚀性，具有高绝缘性能和长期的稳定性及耐湿性，且焊接后清洗容易，并形成覆盖焊点的膜层，使焊点不被氧化腐蚀。因此，电子线路中的焊接通常都采用松香、松香酒精焊剂。

（三）焊接工艺

1. 对焊接的要求 焊接的质量直接影响整机产品的可靠性与质量。因此，在锡焊时，必须做到以下几点：

（1）焊点的机械强度要满足需要。为了保证足够的机械强度，一般采用把被焊元器件的引线端子打弯后再焊接的方法，但不能用过多的焊料堆积，以防造成虚焊或焊点之间短路。

（2）焊接可靠，保证导电性能良好。为保证有良好的导电性能，必须防止虚焊。

（3）焊点表面要光滑、清洁。为使焊点美观、光滑、整齐，不但要有熟练的焊接技能，而且要选择合适的焊料和焊剂，否则将出现表面粗糙、拉尖、棱角现象。其次，电烙铁的温度也要保持适当。

2. 焊接前的准备

（1）元器件引线加工成形：元器件在印制电路板上的排列和安装方式有两种，一种是立式，另一种是卧式。引线的跨距应根据尺寸优先选用2.5的倍数。加工时，注意不要将引线齐根弯折，并用工具保护引线的根部，以免损坏元器件。几种加工成形图例如图 1－1－38 所示。

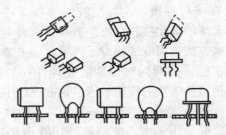

图 1－1－38　元器件加工成形图例

（2）搪锡（镀锡）：时间一长，元器件引线表面会产生一层氧化膜，影响焊接。所以，除少数有银、金镀层的引线外，大部分元器件引脚在焊接前必须先搪锡。

3. 焊接　焊接操作五步法如图 1－1－39 所示。对于较小热容量的焊件而言，整个焊接过程不超过 2 ~ 4 s。

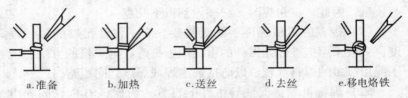

a.准备　　　b.加热　　　c.送丝　　　d.去丝　　　e.移电烙铁

图 1－1－39　焊接操作五步法

4. 焊接操作手法

（1）采用正确的加热方法：根据焊件形状的不同选用不同的烙铁头，尽量要让烙铁头与焊件形成面接触而不是点接触或线接触，这样能大大提高效率。不要用烙铁头对焊件加力，这样会加速烙铁头的损耗和造成元件损坏。正确的加热方法如图 1－1－40 所示。

（2）加热要靠焊锡桥：所谓焊锡桥，就是靠烙铁上保留少量焊锡作为加热时烙铁头与焊件之间传热的桥梁，但作为焊锡桥

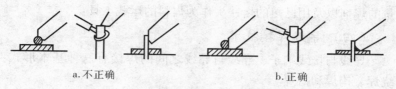

图 1-1-40　加热方法

的焊锡的保留量不可过多。

（3）采用正确的撤离烙铁方式：烙铁撤离要及时，而且撤离时的角度和方向对焊点的成形有一定影响，如图 1-1-41 所示。

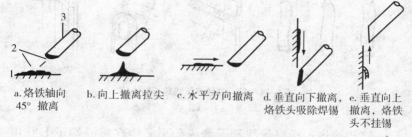

a.烙铁轴向　　b.向上撤离拉尖　c.水平方向撤离　d.垂直向下撤离，　e.垂直向上
45°撤离　　　　　　　　　　　　　　　　烙铁头吸除焊锡　撤离，烙铁
　　　　　　　　　　　　　　　　　　　　　　　　　　　头不挂锡

图 1-1-41　烙铁撤离方向和锡焊瘤
1. 工件　2. 焊锡　3. 烙铁头

（4）焊锡量要合适：焊锡量过多（图 1-1-42a）容易造成焊点上焊锡堆积并容易造成短路，且浪费材料；焊锡量过少（图 1-1-42b），容易焊接不牢，使焊件脱落。合适的焊锡量如图 1-1-42c所示。

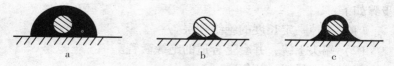

a　　　　　　　　　　b　　　　　　　　　　c

图 1-1-42　焊锡量的掌握

另外，在焊锡凝固之前不要使焊件移动或振动，不要使用过

量的焊剂以及用已热的烙铁头作为焊料的运载工具。

（四）导线焊接技术

导线与接线端子、导线与导线之间的焊接有三种基本形式：绕焊、钩焊和搭焊。

1. 导线与接线端子的焊接

（1）绕焊：指把经过镀锡的导线端头在接线端子上缠一圈，用钳子拉紧缠牢后进行焊接的方式。如图 1－1－43b 所示。这种焊接可靠性最好。

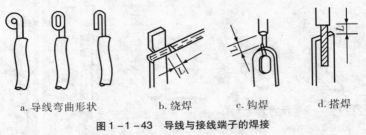

　　a. 导线弯曲形状　　　　b. 绕焊　　　c. 钩焊　　　d. 搭焊

图 1－1－43　导线与接线端子的焊接

（$L=1\sim3$ mm）

（2）钩焊：指将导线端子弯成钩形，钩在接线端子上并用钳子夹紧后焊接的方式。如图 1－1－43c 所示。这种焊接操作简便，但强度低于绕焊。

（3）搭焊：指把镀锡的导线端搭到接线端子上施焊的方式，如图 1－1－43d 所示。此种焊接最简便但强度可靠性最差，仅用于临时连接等。

2. 导线与导线的焊接　导线之间的焊接以绕焊为主，操作步骤如下：

（1）去掉一定长度的绝缘外层。

（2）端头上锡，并套上合适的绝缘套管。

（3）绞合导线，施焊。

（4）趁热套上套管，冷却后套管固定在接头处。

此外，对调试或维修中的临时线，也可采用搭焊的办法。导线与导线的焊接如图1－1－44所示。

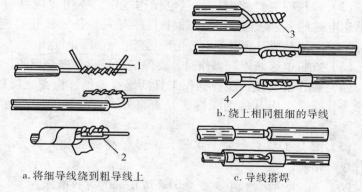

b. 绕上相同粗细的导线

a. 将细导线绕到粗导线上

c. 导线搭焊

图1－1－44　导线与导线的焊接

1. 剪去多余部分　2. 绝缘前焊接　3. 扭转并焊接　4. 热缩套管

第二节　电工安全常识

一、电工安全基础

电工必须接受安全教育，在掌握基本的安全知识和工作范围内的安全技术规程后，才能进行实际操作。

（一）电工必须具备的条件

（1）身体健康，精神正常。凡患有高血压、心脏病、气喘病、神经系统疾病、色盲疾病，或者听力障碍、四肢功能有严重障碍者，不得从事电工工作。

（2）获得电工国家职业资格证书，并持电工操作证。

（3）掌握触电急救方法。

（二）电工人身安全知识

（1）在进行电气设备安装和维修操作时，必须严格遵守各种安全操作规程，不得玩忽职守。

（2）操作时要严格遵守停送电操作规定，要切实做好防止突然送电时的各项安全措施，如挂上"有人工作，禁止合闸"的标示牌，锁上闸刀或取下电源熔断器等。不准约时送电。

（3）在带电区域附近操作时，要保证有可靠的安全间距。

（4）操作前应仔细检查操作工具的绝缘性能，检查绝缘鞋、绝缘手套等安全用具的绝缘性能是否良好，有问题的应及时更换。

（5）登高工具必须安全可靠，未经登高训练的人员，不准进行登高作业。

（6）如发现有人触电，要立即采取正确的急救措施。

二、安全用电、文明生产和消防知识

（一）安全用电知识

电工不仅要具备安全用电知识，还要有宣传安全用电知识的义务和阻止违反安全用电行为发生的职责。安全用电知识的主要内容有：

（1）严禁用一线（相线）一地（大地）连接用电器。

（2）在一个电源插座上不允许引接过多或功率过大的用电器和设备。

（3）未掌握有关电气设备和电气线路知识及技术的人员，不可安装和拆卸电气设备及其线路。

（4）严禁用金属丝（如铝丝）绑扎电源线。

（5）不可用潮湿的手去接触开关、插座及具有金属外壳的电气设备，不可用湿布去揩抹带电的电器。

（6）堆放物资，安装其他设施或搬迁物体时，必须与带电设备或带电体保持一定的距离。

（7）严禁在电动机和各种电气设备上放置衣物，不可在电动机上坐、立，不可将雨具等物悬挂在电动机或电气设备上方。

（8）在搬迁电焊机、鼓风机、电风扇、洗衣机、电视机、电炉和电钻等可移动电器时，要先切断电源，不可拖拉电源线来搬迁电器。

（9）在潮湿环境使用可移动电器时，必须采用额定电压36 V及以下的低压电器。若采用220 V的电气设备时，必须使用隔离变压器。如在金属容器（如锅炉）及管道内使用移动电器，则应使用12 V的低压电器；同时安装临时开关，派专人在该容器外监视。对低电压的可移动设备应安装特殊型号的插头，以防误插入220 V或380 V的插座内。

（10）在雷雨天气，不可走近高压电杆、铁塔和避雷针的接地导线周围，以防雷电伤人。切勿走近断落在地面的高压电线，万一进入跨步电压危险区时，要立即单脚或双脚并拢迅速跳到距离接地点10 m以外的区域，切不可奔跑，以防跨步电压伤人。

（二）文明生产

文明生产是一项十分重要的内容，它直接影响电工工具的使用及操作技能的发挥，更为重要的是还影响到设备和人身的安全。所以，从开始学习基本操作技能时就要养成良好的安全文明生产的好习惯。

（1）实习时必须穿工作服和绝缘鞋。

（2）操作时电工工具应装入工具袋和工具包，并随身携带。公用工具应放入专用的箱内及指定地点。

（3）导线和各种电器应放在规定的位置。排列应整齐平稳，要便于取放。

（4）下班前，应清扫实习场地，清除的废电线和旧电器应堆放在指定地点。

（三）消防知识

在电气设备发生火警时，或临近电气设备附近发生火警时，电工应运用正确的灭火知识，指导和组织群众采用正确的方法灭火。

(1) 当电气设备或电气线路发生火警时，要尽快切断电源，防止火情蔓延及灭火时发生触电事故。

(2) 对于电火灾，不可用水或泡沫灭火器灭火，尤其是油类的火警，应采用二氧化碳或 1211 灭火器灭火。

(3) 灭火人员不应使身体及所持灭火器材触及带电的导线或电气设备，以防触电。

三、常见的触电形式及救护

(一) 触电的概念

因人体接触或接近带电体而引起的局部受伤或死亡的现象为触电。按人体受伤的程度不同，触电可分为电击和电伤两种类型。

1. 电击　电击通常是指人体接触带电体后，人的内部器官受到电流的伤害。这种伤害是造成触电死亡的主要原因，后果极其严重，所以是最严重的触电事故。

2. 电伤　电伤通常是指人体外部受伤，如电弧灼伤、被大电流下因金属熔化而飞溅出的金属所灼伤，以及人体局部与带电体接触造成肢体受伤等情况。

电击是由于电流流过人体内部造成的。其对人体伤害的程度由流过人体电流的频率、大小、时间长短、触电部位以及触电者的生理性质等情况而定。实践证明，低频电流对人体的伤害大于高频电流，而电流流过心脏和中枢神经系统则最为危险。

通常，1 mA 的工频电流通过人体时，就会使人有不舒服的感觉。10 mA 的电流通过人体时，人体尚可摆脱，此电流称为摆脱电流。而超过 50 mA 的电流通过人体时，人就有生命危险。当流过人体的电流达到 100 mA 时，就足以致人死亡。当然，在同样电流情况下，受电击的时间越长，后果越严重。

（二）常见的触电形式

触电的形式多种多样，除了因电弧灼伤及熔化的金属飞溅灼伤外，可大致归纳为以下三种形式。

1. 单相触电 如果人体直接接触带电设备及线路的一相时，电流通过人体而发生的触电现象称为单相触电，如图 1－2－1 所示。对三相四线制中性点接地的电网，单相触电的形式如图 1－2－1a 所示。此时人体受到相电压的作用，电流经人体和大地后形成回路。而对三相三线制中性点不接地的电网，单相触电形式则如图 1－2－1b 所示。

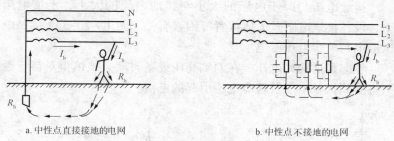

a. 中性点直接接地的电网　　　　　b. 中性点不接地的电网

图 1－2－1　单相触电示意

2. 两相触电 人体同时触及带电设备及线路的两相导体而发生的触电现象称为两相触电，如图 1－2－2 所示。这时人体受到线电压的作用，通过人体的电流更大，是最危险的触电方式。

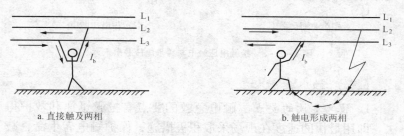

a. 直接触及两相　　　　　　　　b. 触电形成两相

图 1－2－2　两相触电示意

3. 接触电压与跨步电压触电　在高压下，如果有人用手触及外壳带电的设备时，两脚站在离接地体一定距离的地方，此时，人手接触的电位为 V_1，两脚所站地点的电位为 V_2，那么，人的手与脚之间的电位差为 $U = V_1 - V_2$。在这种供电方式为中性点短路接地的电网中，人体触及外壳带电设备的点同站立地面点之间的电位差称为接触电压。

在距接地体 15～20 m 的范围内，地面上径向相距 0.8 m（即一般人行走时两脚跨步的距离）时，此两点间的电位差则称为跨步电压。

接触电压与跨步电压的大小与接地电流的大小、土壤电阻率、设备接地电阻及人体位置等因素有关。图 1 - 2 - 3 为接触电压触电与跨步电压触电示意。

考虑到这两种电压，在遇到高压设备时就必须慎重对待，否则将受到接触电压及跨步电压引起的电击。

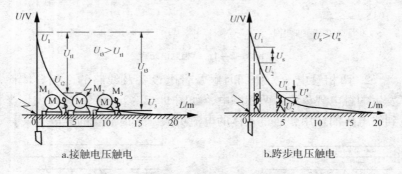

a.接触电压触电　　　　　　　　　　b.跨步电压触电

图 1 - 2 - 3　接触电压触电与跨步电压触电示意

（三）触电急救

1. 触电急救的要点　触电急救的要点有抢救迅速和救护得法。即用最快的速度在现场采取积极措施，保护触电者生命，减轻伤情，减少痛苦，并根据伤情需要迅速联系医疗救护等部门救治。

一旦发现有人触电后，周围人员应首先迅速拉闸断电，尽快使其脱离电源。电工人员则应率先争分夺秒地抢救。

在施工现场发生触电事故后，应将触电者迅速抬到宽敞、空气流通的地方，使其平卧在硬板上，采取相应的抢救方法。在送往医院的路途中都应该不间断地进行救护。在 1 min 之内抢救救活的概率非常高，若 6 min 以后再去救人则抢救效果不好。

触电急救要有耐心，要一直抢救直至医生确定可停止抢救后方可停止，因为低压触电通常都是假死，进行科学的方法急救是十分必要的。

2. 解救触电者脱离电源的方法　触电急救的第一步是使触电者迅速脱离电源，具体方法如表 1 - 2 - 1 所示。

表 1 - 2 - 1　脱离电源的方法

处理方法		实施方法	图　示
低压电源	拉	附近有电源开关或插座时，应立即拉下开关或拔掉电源插头	
	切	若一时找不到断开电源的开关时，应迅速用绝缘完好的钢丝钳或断线钳剪断电线，以断开电源	
	挑	对于由导线绝缘损坏造成的触电，急救人员可用绝缘工具、干燥的木棒等将电线挑开	

处理方法		实施方法	图　示
低压电源	拽	急救人员可戴上手套或在手上包缠干燥的衣服等绝缘物品拖拽触电者，也可站在干燥的木板、橡胶垫等绝缘物品上，用一只手将触电者拖拽开来	
	垫	如果电流通过触电者接地，并且触电者紧握导线，可设法用干木板塞到其身下，与地隔离	
高压电源	拉闸	戴上绝缘手套，穿上绝缘靴，拉开高压断路器	

　　3. 触电急救的方法　对触电人员采取的急救方法如表 1 - 2 - 2 所示。其中人工呼吸和胸外心脏按压是现场急救的基本方法。

表1-2-2　触电的急救方法

急救方法	实施方法	图　　示
简单诊断	（1）将脱离电源的触电者迅速移至通风、干燥处，使其仰卧，松开上衣和裤带 （2）观察触电者的瞳孔是否放大。当处于假死状态时，人体大脑细胞严重缺氧，处于死亡边缘，瞳孔自行放大 （3）观察触电者有无呼吸存在，摸一摸其颈部的颈动脉有无搏动	 （1） 瞳孔正常　　瞳孔放大 （2） （3）
对"有心跳而呼吸停止"的触电者，应采用"口对口人工呼吸法"进行急救	（1）将触电者仰天平卧，颈部枕垫软物，头部偏向一侧，松开衣服和裤带，清除触电者口中的血块、义齿等异物。抢救者跪在病人的一边，使触电者的鼻孔朝天，头后仰 （2）用一只手捏紧触电者的鼻子，另一只手托在触电者颈后，将颈部上抬，深深吸一口气，用嘴紧贴触电者的嘴，大口吹气 （3）然后放松捏着鼻子的手，让气体从触电者肺部排出，如此反复进行，每5 s吹气一次，坚持连续进行，不可间断，直到触电者苏醒为止 （4）口对鼻人工呼吸法	清理口腔阻塞　　鼻孔朝天，头后仰 （1） 贴嘴吹气胸扩张 （2） 放开嘴鼻好换气 （3） （4）

急救方法	实施方法	图　示
对"有呼吸而心跳停止"的触电者，应采用"胸外心脏按压法"进行急救	（1）将触电者仰卧在硬板上或地上，颈部枕垫软物使头部稍后仰，松开衣服和裤带，急救者跪跨在触电者腰部 （2）急救者将右手掌根部按于触电者胸骨下 1/2 处，中指指尖对准其颈部凹陷的下缘，当胸一手掌，左手掌压在右手背上 （3）掌根用力下压 3～4 cm，然后突然放松。挤压与放松的动作要有节奏，每秒钟进行一次，必须坚持连续进行，不可中断，直到触电者苏醒为止	（1） 压区　中指对凹膛当胸一手掌　掌根用力向下压（2） 慢慢向下　突然放松（3）
对"呼吸和心跳都已停止"的触电者，应同时采用"口对口人工呼吸法"和"胸外心脏按压法"进行急救	（1）一人急救：两种方法应交替进行，即吹气 2～3 次，再挤压心脏 10～15 次，且速度都应快些 （2）两人急救：每 5 s 吹气一次，每 1 s 挤压一次，两人同时进行	（1） （2）
注意事项	不能打肾上腺素等强心针，不能泼冷水	

四、常见的安全用电技术措施

常见的安全用电技术措施有:

(一) 接地

出于不同的目的,将电气装置中某一部分经接地线或接地体与大地作良好的电气连接称为接地。根据接地的目的不同,接地可分为工作接地和保护接地。

1. 工作接地 工作接地是为了运行的需要而将电力系统中的某一点接地,如变压器中性点直接接地或经过击穿保险器接地、避雷器接地等都是工作接地。

2. 保护接地 保护接地是指为了人身安全的目的,将电气装置中平时不带电,但可能因绝缘损坏而带上危险对地电压的外露导电部分(设备的金属外壳或金属结构)与大地作电气连接的接地。如图 1-2-4 所示。

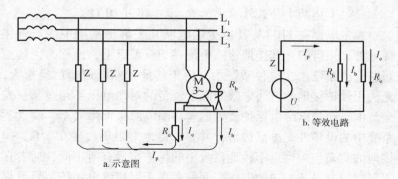

a. 示意图

b. 等效电路

图 1-2-4 保护接地在 IT 系统中的应用

保护接地的原理就是并联电路的小电阻(保护接地电阻)对大电阻(人体电阻 R_b)的分流作用。接地电阻的数值可以根据电网可能的接地故障电流和允许的设备外露可导电部分的最大对地电压来确定。

对于中性点不接地的 380 V/220 V 系统，单相接地故障电流很小，为保证设备漏电时外壳对地电压限制在安全范围以内，一般要求接地电阻 $R_e \leqslant 4\ \Omega$。当变压器容量在 100 kV·A 及以下时，R_e 可放宽到不大于 10 Ω。

中性点不接地或经消弧线圈接地的高压系统的接地电流一般不超过 500 A，称为小接地短路电流系统。这类系统允许设备外露导电部分对地电压可放宽至 120 V 或 250 V，视高、低压设备的接地装置是共用还是分开敷设而定。

高、低压设备共用一套接地装置时，要求：

$$R_e \leqslant \frac{120}{I_e}$$

式中，I_e 为接地故障电流（A）；R_e 为接地电阻（Ω）。

高、低压设备各有独立的接地装置时，要求：

$$R_e \leqslant \frac{250}{I_e}$$

通过上述两个公式计算出的 R_e 不能超过 10 Ω。

额定电压在 110 kV 及以上的电网几乎都是采用中性点直接接地方式运行的，其接地短路电流在 500 A 以上，这称为大接地短路电流系统。在这种系统中，由于接地短路电流值已经很大，无法用保护接地的方法来限制漏电设备的对地电压不超过某一安全范围，而是靠继电保护装置迅速切断电源来保障安全。在这类系统中的设备外壳虽然接地，并要求接地电阻不大于 0.5 Ω，但接地的意义与中性点不接地系统中的保护接地有所不同，后者在于限制漏电设备的对地电压，而前者在于促使继电保护装置可靠地动作，以切断电源的方法去消除电弧接地过电压。

（二）保护接零

保护接零就是将 TN（中性点接地并采用保护接零的系统）系统中电气设备平时不带电的外露导电部分与电源的中性线 N 连接起来。此时的中性线称为保护中性线，代号为 PEN。凡采用这种保护方式的系统在 IEC（国际电工委员会）标准中称为 TN – C 系统。

TN 系统分为 TN – C、TN – S 和 TN – C – S 系统。

1. TN – C 系统　TN – C 系统是指中性线 N 和保护线 PE 合为一根 PEN 线，所有设备的外露导电部分均有 PEN 线相连，如图 1 – 2 – 5 所示。TN – C 系统的缺点是当 PEN 线断线时，断线点后所有采用保护接零的设备外壳上都将长时间带有相电压。

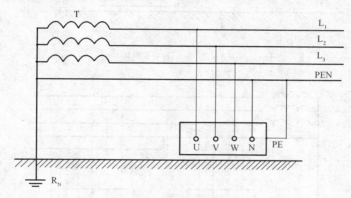

图 1 – 2 – 5　TN – C 系统

2. TN – S 系统　TN – S 系统是指中性线 N 和保护线 PE 是分开的，所有设备的外露导电部分只与公共的 PE 线相连，如图 1 – 2 – 6 所示。在 TN – S 系统中，N 线的作用仅仅是用来通过单相负载电流、三相不平衡电流，故称之为工作零线。PE 线则称为保护零线。

3. TN – C – S 系统　TN – C – S 系统是指系统前边为 TN – C 系统，后边是 TN – S 系统，如图 1 – 2 – 7 所示。这种系统兼有 TN – C 和 TN – S 系统的特点，保护性能介于二者之间。

4. 对 TN 系统的安全要求

（1）在由同一台变压器供电的系统中，不宜将一部分设备采用 TT（中性点接地系统保护接地）制而另一部分设备采用 IT

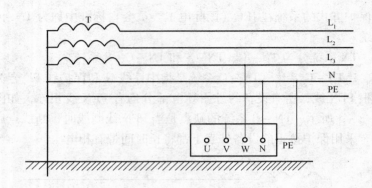

图1-2-6　TN-S系统

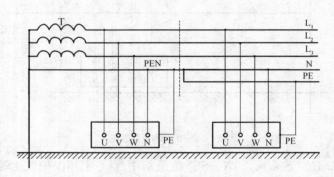

图1-2-7　TN-C-S系统

（中性点不接地系统保护接地）制，即在同一系统中，不宜将保护接地和保护接零混用。

　　假如在TN系统中，有个别位置遥远的电动机为了接PEN线而采用直接接地的措施（相当于采用TT制），如图1-2-8所示。当采用直接接地的电动机一旦发生绝缘损坏而漏电时（过电流保护装置未动作），接地电流将大地与变压器的接地极形成回路，使整个PEN线出现约为相电压一半的危险电压。这样，所有采用PEN线保护的用电设备外壳均带上危险电压，这将严重威胁到工作人员的人身安全。

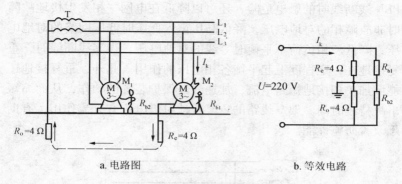

a. 电路图　　　　　　　　　　　b. 等效电路

图1-2-8　保护接零和保护接地混用的危险

（2）采用保护接零的系统，其工作接地装置必须可靠，接地电阻必须符合要求，接地电阻值一般不超过4 Ω。

（3）禁止在保护线或保护零线上安装开关、熔断器或单独的断流开关。

（4）在 TN 系统中，必须有灵敏可靠的保护装置相配合。这是因为保护接零的原理是借助保护零线 PEN，将碰壳设备的故障电流扩大为短路电流，从而迫使线路的保护装置迅速动作而切断电源。如果没有灵敏可靠的保护装置，保护接零也就起不到应有的保护作用。

（5）保护线 PE 或保护零线 PEN 的截面积不应小于相线截面积的一半。为了防止断零线的危险，保护线或保护零线必须具有足够的机械强度。

（6）有保护接零要求的单相移动或用电设备，应使用三孔插座供电。

（7）在 TN 系统中，还应敷设足够的重复接地装置。为确保用电安全，除在中性点进行工作接地外，还必须在 PE 线、PEN 线的一些地方进行多次接地，这就是重复接地，如图1-2-9所示。重复接地可以降低漏电设备外壳的对地电压，减轻 PE 线或

PEN 线断线时的触电危险，还可以降低在电网一相发生接地故障时非故障相的对地电压，降低高压窜入低压时低压网络的对地电压，降低三相负荷不平衡时零线的对地电压。当零线断线时，重复接地在一定程度上起平衡各相电压的作用。此外，重复接地还能增加单相接地短路电流，加速线路保护装置的动作，从而缩短事故持续时间。架空线路的重复接地对雷电流有分流作用，有助于改善防雷性能。

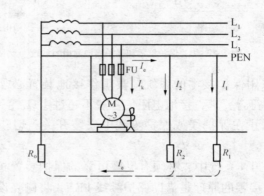

图 1-2-9 重复接地

（8）所有电气设备的保护线或保护零线，均应以并联方式接到零干线上。如图 1-2-10 所示。

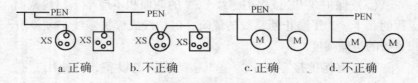

图 1-2-10 保护接零的正确接法和错误接法

（9）设备与保护线或保护零线之间的连接处应牢固可靠，接触良好。

第三节　电工识图入门

一、识读电气图的基本方法

（一）识图的基本要求

1. 结合电工基础知识识图　在生产实际中，所有的电路都是建立在电工学的基础理论之上的。因此，要准确、迅速地识读好电气图，就必须掌握电工基础知识。例如要实现笼型异步电动机的正反转控制，只需改变电动机三相电源的相序，体现在电路中就是必须用两个接触器进行换接以改变三相电源的相序，从而达到电动机正转或反转的目的。

2. 结合电器元件的结构和工作原理识图　构成电路的要素是电子元器件，如在供电电路中常用的高压隔离开关、断路器、熔断器、互感器等，在低压电路中常用的各种继电器、接触器和控制开关等。因此，识图时首先要搞清这些元器件的性能结构、原理及相互控制关系，以及在电路中的作用和地位，这样才能看懂电流在整个回路中的流动过程，即电路工作原理。

3. 结合典型电路识图　所谓典型电路就是指常用的基本电路，如电动机的启动、制动、正反转电路，继电保护电路，联锁电路，时间翻转行程控制电路，整流和放大电路等。一张复杂的电路图，分解起来不外乎就是由这些典型电路组成的。因此，熟悉各种典型电路，对于识读复杂的电气图帮助很大，不仅在看图时很快能抓住主要矛盾分清主次环节，而且不易搞错，并节省时间。

4. 结合电气图的绘制特点识图　掌握电气图的绘制原则和特点，对识读电路图有很大的帮助。如线条的粗细，图形符号的简化、图面的布局，插图、表格的绘制位置等。

（二）识读电气图的一般方法

1. 看主标题栏　了解电气图的名称及标题栏中有关内容，结合有关的电路知识，对该电气图的类型、性质、作用有一个明确的认识，同时对电气图的内容有一个大致的印象。

2. 看电气图图形　看电气图图形主要是了解电气图的组成形式，分析各组成部分的作用、信息流向及连接关系等，从而对整个电路的工作原理、性能要求等有一个全面的了解。因此，识读电气图的关键就在于必须有一定的专业知识，熟悉电气制图的基本知识。在识读电气图时，有以下几方面可供参考：

（1）根据绘制电气图的有关规定，概括了解电路简图的布局、图形符号的配置、项目代号及图线的连接等。

（2）分析电气图通常有以下几种方法：

1）按信息流向逐级分析。如可从信号输入到最后信号输出，用信号流向贯穿始终；也可从负载分析到电源，或从电源分析到负载，电流流向哪里便分析到哪里。信号流向明确的电路有电子线路图等。

2）按布局顺序从左到右、自上而下地逐级分析。对于一些布局有特色、区域性强的电路，这种分析方法较为简便，如简单电路。

3）按主电路、辅助电路等单元进行分析。先分析主电路，而后再看辅助电路，最后了解它们之间的相互联系及控制关系。此类分析方法在工厂电力拖动自动控制电气原理图中运用较为普遍，是电工最常运用的一种电路分析方法。

（3）了解项目的组成单元及各单元之间的连接关系或耦合方式，注意电气与机械机构的连接关系。

（4）分析整个电路的工作原理、功能关系，由此了解各元器件在电路中的作用及主要的技术参数。

（5）结合元器件目录表及元器件在电路中的项目代号、位号，了解所用的元件种类、数量、型号及主要参数等。

（6）了解附加电路及机械机构与电路的连接形式及在电路中的作用。

3. 根据工作要求看其他相关资料帮助识图　电气图的识读主要是根据要求进行。除了重点识读与工作有关的电气图外，还要注意识读与该电气图有关的图、表及技术资料，如安装配线图、土建情况和设备的分布情况等，以便对项目有一个比较完整的认识。

二、识读电气图的基本步骤

（一）看图样说明

图样说明包括图样目录、技术说明、元器件明细表和施工说明书等。识图时，首先看图样说明，搞清设计内容和施工要求，这有助于了解图样的大体情况，抓住识图重点。

（二）看电路图

电路图是根据生产机械运动形式对电气控制系统的要求，采用国家统一规定的电气图形符号和文字符号，按照电气设备和电器的工作顺序，详细表示电路、设备或成套装置的全部基本组成的连接关系，而不考虑其实际位置的一种简图。

电路图能充分表达电气设备和电器的用途、作用和工作原理，是电气线路安装、调试和维修的理论依据。

1. 识读电路图时应遵循的原则　识读电路图时应遵循以下原则：

（1）电路图一般分电源电路、主电路和辅助电路三部分绘制。

1）电源电路画成水平线，三相交流电源相序 L_1、L_2、L_3 自上而下依次画出，中线 N 和保护地线 PE 依次画在相线之下。直流电源的"＋"端画在上边，"－"端在下边画出。电源开关要水平画出。

2）主电路是指受电的动力装置及控制、保护电器的支路等，它是由主熔断器、接触器的主触头、热继电器的热元件以及电动机等组成。主电路通过的电流是电动机的工作电流，其电流较大。主电路图要画在电路图的左侧并垂直于电源电路。

3）辅助电路一般包括控制主电路工作状态的控制电路，显示主电路工作状态的指示电路，提供机床设备局部照明的照明电路等。它是由主令电器的触头、接触器线圈及辅助触头、继电器线圈及触头、指示灯和照明灯等组成。辅助电路通过的电流都较小，一般不超过 5 A。画辅助电路图时，应画在电路图的右侧，且电路中与下边电源线相连的耗能元件（如接触器和继电器的线圈、指示灯、照明灯等）要画在电路图的下方，而电器的触头要画在耗能元件与上边电源线之间。为读图方便，一般应按照自左至右、自上而下的排列来表示操作顺序。

（2）电路图中，各电器的触头位置都按电路未通电或电器未受外力作用时的常态位置画出。分析原理时，应从触头的常态位置出发。

（3）电路图中，不画各电器元器件实际的外形图，而采用国家统一规定的电气图形符号画出。

（4）电路图中，同一电器的各元器件不按它们的实际位置画在一起，而是按其在线路中所起的作用分别画在不同电路中，但它们的动作却是相互关联的，因此，必须标注相同的文字符号。若图中相同的电器较多时，需要在电器文字符号后面加注不同的数字，以示区别，如 KM_1、KM_2 等。

（5）画电路图时，应尽可能减少线条和避免线条交叉导线。对有直接电联系的交叉导线连接点，要用小黑圆点表示；无直接电联系的交叉导线则不画小黑点。

（6）电路图采用电路编号法，即对电路中的各个接点用字母或数字编号。

1）主电路在采用电源开关的出线端按相序依次编号为 U_{11}、

V_{11}、W_{11}。然后按从上至下、从左至右的顺序，每经过一个电器元器件后，编号要递增，如 U_{12}、V_{12}、W_{12}，U_{13}、V_{13}、W_{13}……单台三相交流电动机（或设备）的三根引出线按相序依次编号为 U、V、W。对于多台电动机引出线的编号，为了不致引起误解和混淆，可在字母前用不同的数字加以区别，如 1U、1V、1W；2U、2V、2W……

2）辅助电路编号按"等电位"原则从上至下、从左至右的顺序用数字依次编号，每经过一个电器元器件后，编号要依次递增。控制电路编号的起始数字必须是 1，其他辅助电路编号的起始数字依次递增 100，如照明电路编号从 101 开始，指示电路编号从 201 开始等。

（7）看电路图时，首先要分清主电路和辅助电路，交流电路和直流电路。其次按照先看主电路、再看辅助电路的顺序读。看主电路时，通常从下往上看，即从电气设备开始，经控制元件，顺次往电源看；看辅助电路时，则自上而下、从左向右看，即先看电源，再顺次看各条回路，分析各条回路元件的工作情况及其对主电路的控制关系。

2. 电力拖动电路图的识读步骤

（1）主电路的识读步骤：第一步看用电器，弄清楚用电器的数量，并了解它们的类别、用途、接线方式及一些不同要求等。第二步搞清楚用什么电气元器件控制用电器。第三步看主电路上还连接有何种电器。第四步看电源，了解电源等级。通过看主电路，要搞清用电器是怎样取得电源的，电源经过哪些元件到达负载等。通过看辅助电路，要搞清它的回路构成，各元件间的联系、控制关系，以及在什么条件下回路构成通路或断路，并理解动作情况。

（2）辅助电路的阅读步骤：第一步看电源，首先弄清电源的种类，其次看清辅助电路的电源来自何处。第二步搞清辅助电路如何控制主电路。第三步寻找电器元件之间的相互关系。第四步再看其他电器元件。

（3）电路识读实例：下面根据电气图的方法和步骤，识读如图1－3－1所示的M7130平面磨床电路图，方法如下：

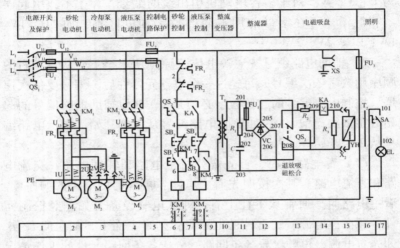

图1－3－1　M7130平面磨床电路

1）从识读主标题栏得知该图是电气图中的电路图。该图是M7130平面磨床的控制电路图。

2）从位置来看，该图是采用电路编号法来绘制的。对电路或支路用数字编号来表示其位置。数字编号法按自左至右的顺序排列，各编号所对应的分支路功能分别用文字表示。

3）从布局来看，整个图幅从左至右分为主电路、控制电路、电磁吸盘和照明电路等。布局清晰、简单明了，能很方便地进行原理分析和故障查询。

4）从电源的表示看，主电路采用多线表示。

5）类似项目的排列以垂直绘制为主，少量采用水平绘制。

6）在符号的布置上，采用的是分开表示法。在继电器的下方用表格来表示各继电器触点所在的位置。

7）在电路图中采用了基本电路的模式，如电桥电路。

（三）看布置图

布置图是根据电器元件在控制板上的实际安装位置，采用简化的外形符号（如正方形、矩形、圆形等）而绘制的一种简图。它不表达各电器元件的具体结构、作用、接线情况以及工作原理，它主要用于电器元件的布置和安装。图中各电器的文字符号必须与电路图和接线图的标注相一致。具有接触器自锁控制电路的元件布置如图1-3-2所示。

（四）看安装接线图

绘制、识读接线图应遵循以下原则：

（1）接线图中一般表示出如下内容：电气设备和电器元件的相对位置、文字符号、端子号、导线号、导线类型、导线截面积、屏蔽和导线绞合等。

（2）所有的电气设备和电器元件都按其所在的实际位置绘制

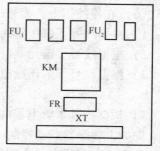

图1-3-2　接触器自锁控制
电路的元件布置

在图纸上，且同一电器的各元件根据其实际结构，使用与电路图相同的图形符号画在一起，并用点画线框起来，其文字符号及接线端子的编号应与电路图中的标志一致，以便对照检查接线。

（3）接线图中的导线有单根导线、导线组（或线扎）、电缆等，可用连续线和中断线来表示。凡导线走向相同的可以合并，用线束来表示，达到接线端子板或电器元件的连接点时可以再分别画出。在用线束来表示导线组、电缆等时可用加粗的线条表示，在不引起误解的情况下也可采用部分加粗。另外，导线及线管的型号、根数和规格应标注清楚。

（4）看安装接线图时，也要先看主电路，再看辅助电路。

看主电路时，从电源引入端开始，顺次经控制元件和线路到用电设备；看辅助电路时，要从电源的一端到电源的另一端，按元件的顺序对每个回路进行分析研究。

（5）安装接线图是根据电气原理绘制的，对照原理图看安装接线图是有帮助的。回路标号是电器元件之间导线连接的标记，标号相同的导线原则上都是可以接到一起的。要搞清接线端子板内外电路的连接方式，内外电路的相同标号导线要接在端子板的同标号接点上。另外，搞清安装现场的土建情况和设备分布情况，对安装工作有很大的帮助。

（6）在接线图上，线号的作用如下：

1）根据线号了解线路的走向并进行布线。

2）根据线号了解元器件及电路的连接方法。

3）根据线号了解辅助电路是经过哪些电器元件而构成回路的。

4）根据线号了解电器的动作情况，了解用电器的接线法。

例如，接触器点动控制电路的接线图如图1-3-3所示。

总之，在实际中，电路图、接线图和布置图要结合起来使用。

（五）低压配电电路的识读

低压配电系统一般指从低压母线或总配电箱（盘）送到各低压配电箱的供电系统。常用低压配电系统如图1-3-4所示，这是一般中小型工厂应用十分广泛的低压配电系统。

由图1-3-4中可以看出，此系统采用放射式供电系统。采用此种系统供电，由于是从低压母线上引出若干条支路直接向支配电箱（盘）或用电设备配电，沿线不接其他负荷，各支路间无联系，所以这种系统供电方式简单，检修方便，适用于用电负荷较为分散的场合。

由图1-3-4中还可以看出，母线的上方是电源及其进线。外电源是由10 kV的架空线路引入，经变压器降压后，降为

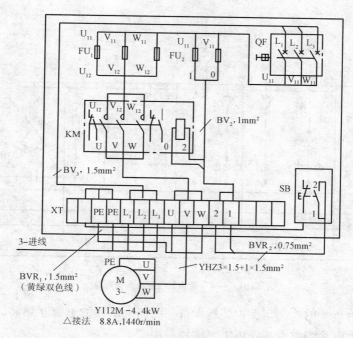

图 1 - 3 - 3　接触器点动控制电路的接线图

380 V/220 V 的三相四线制电源向各支路供电。

　　电源线规格型号为"BBX - 500，3 × 95 + 1 × 50"，这种线为橡胶绝缘铜芯线，三根相线的横截面积为 95 mm²，一根零线的横截面积为 50 mm²。电源进线先经隔离开关，用三相电流互感器测量三相负荷电流，再经自动空气断路器作短路与过载保护，最后接到规格为"100 × 6"的低压铝母排上。在低压铝母排上接有若干个低压开关柜，可根据其使用电源的要求分类设置开关柜，如有的可将办公、路灯等合用一柜，动力一柜、宿舍、礼堂等合用一柜，根据用电的具体情况合理地安排开关柜。在图中接有一电力电容器柜，作为功率因素补偿。

　　配电回路上装有隔离开关、自动空气开关或其他负荷开关，

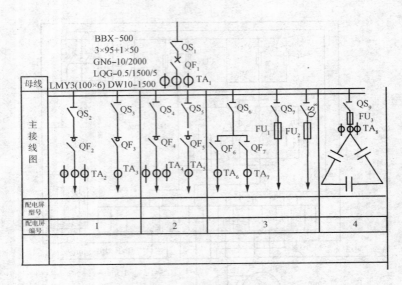

图 1-3-4　常用低压配电系统电路

作为负载的控制与保护装置设备。回路上所接的电流互感器，除用于电流测量外，还可供电能计量用。

（六）识读建筑电气施工图

建筑电气施工图是土建施工图纸的一个组成部分，它与其他土建施工图一样，应准确、齐全、简明地把电气设计内容表达出来，为建筑电气施工服务。电气施工工人在施工前，必须仔细识读和弄清电气施工图表达的设计意图，以便正确进行施工安装。由于土建工作本身和电气安装工作密切联系，所以土建工人也应掌握识读电气施工图的基本技能，使各工种之间能良好配合。

1. 识读图纸必须循序渐进　识读施工图时应按照图纸编排次序的先后分类进行，应由整体到局部、由粗到细、由外向里，图样与说明对着看，逐步加深理解。

2. 注意各类图纸的内在联系　整套施工图纸由不同专业工种的、表达不同内容的图纸综合组成，它们之间有着密切的联系，在看图时要注意相互对照看，以防差错和遗漏。

3. **注意设计的变更情况**　在施工中，会经常遇到各种情况，随时对施工图纸进行修改，所以在识图中要注意设计图纸的修改和设计变更备忘录等补充说明内容。

（七）识读电气照明施工图

在一般建筑施工中，电气设备的安装工作量是很大的，其中照明设备的安装又占有很大的比例。

照明线路一般由进户线、配电箱、室内布线、开关、插座、照明灯具及其附件所组成。

室内照明供电线路的电压，除特殊需要外，通常都采用 380 V/220 V 三相四线制的低压供电，即线电压为 380 V，相电压为 220 V。多层住宅建筑，用电量较大，其室内供电照明系统的组成和配电方式是：由室外低压配电线路引到建筑物内的总配电箱，从总配电箱分出若干组干线，每组干线接分配电箱，然后再从分配电箱引出若干组支线（回路），最后线路通至各用电设备，如图 1 - 3 - 5 所示。

在负载较小（电能表电流量在 30 A 以下者）的建筑物中，可采用单相供电（一相一零），如图 1 - 3 - 6 所示。在安排供电线路时，总是根据使用、维修、控制和安全等方面的因素综合考虑。

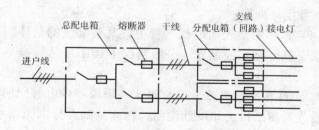

图 1 - 3 - 5　供电系统示意

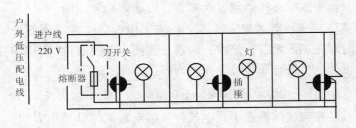

图1-3-6 单相供电示意

1. 室内电气照明施工图的内容 室内电气照明施工图主要包括施工说明、系统图、平面图和详图等。在此主要介绍住宅照明电气图。

（1）施工说明主要表明电源的来路、线路的敷设、设备规格及安装要求、施工注意事项等。

（2）系统图表明工程的供电方案，从系统图上可以看出整个建筑物内部的配电线路系统，包括配电线路所用导线型号、穿线管径、设备的容量值等。图1-3-7为某住宅的室内电气照明系统图。

（3）平面图是电气施工图中的主要图纸，在图上主要表明电源进户线的位置、规格，穿线管径，配电箱位置，各配电支线、干线的规格和导线根数，各照明设备（如灯具、灯具开关、插座等）的位置、规格、容量及安装要求。图1-3-8为某住宅内电气照明平面图。

（4）详图主要表明电气工程中的某些部位的具体构造和安装要求，以便施工或制作。一般情况下详图可从标准图册上选用。

2. 室内电气照明施工图的识读 识读室内电气照明施工图时，首先看图纸目录和设计说明，在此基础上分别识读系统图、平面图和详图。现以图1-3-7和图1-3-8为例进行说明。

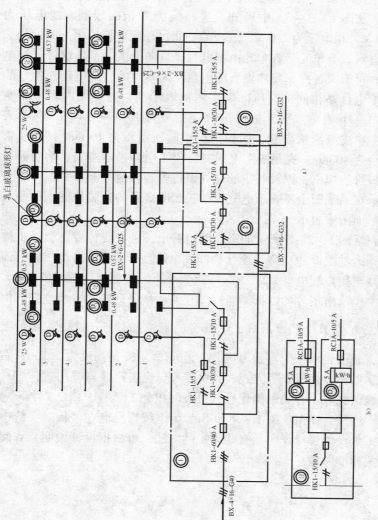

图1-3-7 电气照明系统示意

　　先看系统图，阅读顺序是进户线、配电箱、支路、用电设备。从图 1 – 3 – 7a 中可知，进户线为三相四线制，线电压为380 V，相电压为 220 V。进户后，通过总配电箱总闸开关，分三路进入三个单元，各单元由配电箱竖直向上供电，各层设分配电箱，再引向各户，每户设有配电盘。因各层的分配电箱、各户的分配电盘是相同的，所以采用图例表示，它的详图内容另以图 1 – 3 – 7b 表示。图上标出进户线型号为 BX – 4 × 16 – G40，表示：橡皮绝缘铜导线，四根，每根截面面积为 16 mm^2，穿线管直径为 40 mm。在系统图上同时标出了电闸、电能表、熔断器等的型号、规格，以及各户的电气设备安装容量等。

　　在系统图中不表示电气设备、照明灯具的安装位置，这些都在平面图中表示。

　　从图 1 – 3 – 8 所示的平面图可看出，进户线位置在轴线 1 横墙，沿轴线 B 纵向敷设至楼梯间配电箱。配电箱又分为三路，即两路至用户配电盘 D$_1$，D$_2$，一路为一至六层楼梯间照明供电 D$_3$。图中表示出了各种灯具、插座、开关、接线盒等的安装位置。例如，D$_3$ 为卡口平盘吊灯，灯具旁的标注如 "$\frac{60}{2.3}$X"，左侧数字中，分子表示灯的容量为 60 W，分母表示安装高度为 2.3 m；右侧字母符号表示安装方式，其中 "X" 代表自在器线吊式，"D" 为吸顶式等。有关图例代号，可查阅相关工具书。

　　然后看详图，图 1 – 3 – 9 所示为电线管沿墙在楼板对头缝中施工敷设的打样详图。有些施工的做法，可根据设计说明，查阅相关标准图集。

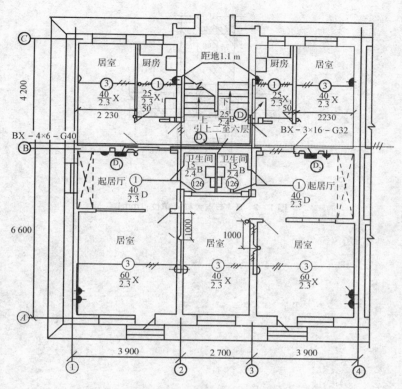

图 1 - 3 - 8 室内电气照明平面示意（单位：mm）

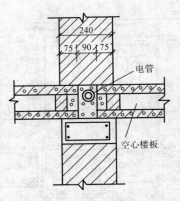

图 1 - 3 - 9　节点大样（单位：mm）

第二章 电工工具及仪器仪表的使用

第一节 电工工具的使用

一、电工常用基本工具的使用

电工常用基本工具是指一般专业电工都要使用的常备工具。常用基本工具有验电器、螺钉旋具、钢丝钳、尖嘴钳、断线钳、剥线钳、电工刀、活动扳手等。作为一名电工，必须掌握电工常用基本工具的使用。

（一）验电器

验电器是检验导线和电气设备是否带电的一种电工常用检测工具。它分为低压验电器和高压验电器两种。

1. 低压验电器 低压验电器又称为试电笔，有笔式和螺钉旋具式两种，如图 2 - 1 - 1 所示。

笔式低压验电器由氖泡、电阻、弹簧、笔身和笔尖等组成。低压验电器在使用时，必须按图 2 - 1 - 2 所示的正确方法把笔握稳，以手指触及笔尾的金属体，使氖管小窗背光朝向自己。

当用验电器测带电体时，电流经带电体、验电器、人体、大地形成回路，只要带电体与大地之间的电位差超过 60 V，验电器中的氖泡就发光。低压验电器测试范围为 60 ~ 500 V。低压验电器的作用如下：

（1）区别电压高低：测试时可根据氖管发光的强弱来判断

电压的高低。

（2）区别相线与零
线：在交流电路中，当验
电器触及导线时，氖管发
光的即为相线，正常情况
下，触及零线是不发光的。

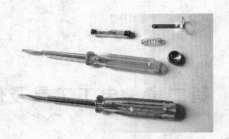

（3）区别直流电与交
流电：交流电通过验电器
时，氖管里的两极同时发

图2-1-1　低压验电器

a. 错误握法　　　　　　　b. 正确握法

图2-1-2　低压验电器的使用方法

光；直流电通过验电器时，氖管里两个极只有一个发光。

（4）区别直流电的正、负极：把验电器连接在直流电的正、
负极之间，氖管中发光的一极即为直流电的负极。

2. 高压验电器　高压验电器又称为高压测电器，10 kV 高压
验电器由金属钩、氖管、氖管窗、紧固螺钉、护环和握柄组成，
如图2-1-3所示。

高压验电器的使用方法如下：

（1）验电器使用前，应在已
知带电体上测试，证明验电器确
实良好后方可使用。

（2）使用时，应使验电器逐
渐靠近被测物体，直到氖管发亮；

图2-1-3　高压验电器
1. 握柄　2. 护环　3. 紧固螺钉
4. 氖管窗　5. 金属钩　6. 氖管

只有在氖管不发亮时，人体才可以与被测物体接触。

（3）室外使用高压验电器时，必须在空气条件良好的情况下才能使用。在雨、雪、雾及温度较高的天气中，不宜使用，以防发生危险。

（4）高压验电器在测试时，必须戴上符合要求的绝缘手套；不可一个人单独测试，身旁必须有人监护；测试时要防止发生相间或对地短路事故；人体与带电体应保持足够的安全

图2-1-4　高压验电器的使用
1. 正确　2. 错误

距离，10 kV 高压的安全距离为 0.7 m 以上。高压验电器使用如图 2-1-4 所示。

（二）螺钉旋具

螺钉旋具又称为旋凿、螺丝刀或起子，它是紧固或拆卸螺钉的工具。

1. 螺钉旋具的结构　螺钉旋具的种类有很多，按头部形状可分为一字形和十字形，如图 2-1-5 所示。

a. 一字形螺钉旋具

b. 十字形螺钉旋具

图2-1-5　螺钉旋具

一字形螺钉旋具的常用规格有 50 mm、100 mm、150 mm 和 200 mm 等，电工必备的是 50 mm 和 150 mm 两种。十字形螺钉旋具专供紧固和拆卸十字槽的螺钉，常用的规格有Ⅰ、Ⅱ、Ⅲ、Ⅳ四种。

磁性旋具按握柄的材料可分为木质绝缘型和塑胶绝缘型。它

的规格齐全，有十字形和一字形。金属杆的刀口端焊有磁性金属材料，可以吸住待拧紧的螺钉，能准确定位、拧紧，使用很方便，应用较广泛。

2. 螺钉旋具的使用

（1）大螺钉旋具的使用：大螺钉旋具一般用来紧固较大的螺钉。使用时，除大拇指、食指和中指要夹住握柄外，手掌还要顶住柄的末端，这样就可以防止旋具转动时滑脱，如图2－1－6所示。

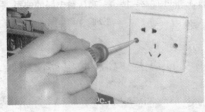 

图2－1－6　大螺钉旋具的使用方法　　　图2－1－7　小螺钉旋具的使用方法

（2）小螺钉旋具的使用：小螺钉旋具一般用来紧固电气装置接线桩头上的小螺钉，使用时，可用手指顶住柄的末端捻转，如图2－1－7所示。

3. 使用螺钉旋具的安全知识

（1）电工不可使用金属杆直通的螺钉旋具，否则容易造成触电事故。

（2）使用螺钉旋具紧固和拆卸带电的螺钉时，手不得触及旋具的金属杆，以免发生触电事故。

（3）为了避免螺钉旋具的金属杆触及临近带电体，应在金属杆上穿绝缘套管。

（4）较长螺钉旋具在使用时，可用右手压紧并旋转手柄，左手握住螺钉旋具中间部分，以使螺钉旋具不滑脱。此时左手不得放在螺钉的周围，以免螺钉旋具滑出时将手划伤。

（三）钢丝钳

钢丝钳有铁柄和绝缘柄两种，绝缘柄为电工用钢丝钳，常用的规格有 150 mm、175 mm 和 200 mm 三种。

1. 电工钢丝钳的结构与用途　电工钢丝钳由钳头和钳柄两部分组成。钳头由钳口、齿口、刀口和铡口四部分组成。其用途很广，钳口用来弯绞和钳夹导线线头，齿口用来剪切或剖削软导线绝缘层，铡口用来铡切导线线芯、钢丝或铅丝等较硬金属丝。其结构如图 2-1-8 所示。

图 2-1-8　电工钢丝钳结构

2. 电工钢丝钳的使用

（1）使用前，必须检查绝缘柄的绝缘是否良好。

（2）剪切带电导线时，不得用刀口同时剪切相线和零线，或同时剪切两根导线。

（3）钳头不可代替锤子作为敲打工具使用。

（四）尖嘴钳

尖嘴钳的头部尖细，适用于狭小空间内的操作。钳柄有铁柄和绝缘柄两种，绝缘柄的耐压值为 500 V，主要用于切断细小的导线、金属丝，夹持小螺钉、垫圈及导线等元件，还能将导线端头弯曲成所需的各种形状。尖嘴钳的外形如图 2-1-9 所示。

图 2-1-9　尖嘴钳

图 2-1-10　断线钳

（五）断线钳

断线钳又称为斜口钳，钳柄有铁柄、管柄和绝缘柄三种。其中电工用的带绝缘柄的断线钳的外形如图 2－1－10 所示。绝缘柄的耐压值为 500 V。断线钳主要用于剪断较粗的电线、金属丝及导线电缆。

（六）剥线钳

剥线钳是用来剖削小直径导线绝缘层的专用工具，其外形如图 2－1－11 所示。它的绝缘手柄耐压值为 500 V。

剥线钳在使用时，将要剖削的绝缘层长度用标尺定好后，即可把导线放入相应的刀口中（比导线直径稍大），用手将柄部握紧，导线的绝缘层即被割破，且自动弹出。

图 2－1－11　剥线钳

图 2－1－12　电工刀

（七）电工刀

电工刀是用来剖削电线线头、切割木台缺口、削制木榫的专用工具，其外形如图 2－1－12 所示。

1. 电工刀的使用　使用电工刀时，应将刀口朝外。剖削导线绝缘层时，应使刀面与导线成较小的锐角，以免割伤导线。

2. 使用电工刀的安全知识

（1）使用电工刀时应注意避免伤手，不得传递刀身未折进刀柄的电工刀。

（2）电工刀用毕，随时将刀身折进刀柄。

（3）电工刀的刀柄无绝缘保护，不能用于带电作业，以免触电。

（八）活动扳手

活动扳手又称为活络扳头，是用来紧固和起松螺母的一种专用工具。

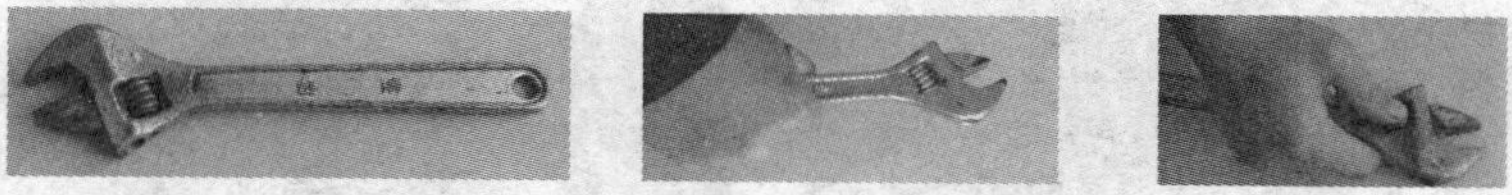

a.活动扳手的结构　　b.扳动较大螺母的握法　c.扳动较小螺母的握法

图 2-1-13　活动扳手的结构与使用

1. 活动扳手的结构和规格　活动扳手由头部活动扳唇、呆扳唇、扳口、蜗轮和轴销等构成，如图 2-1-13a 所示。蜗轮可调节扳口大小。其规格表示为：长度×最大开口宽度（单位为 mm），电工常用的活动扳手有 150 mm×19 mm（6 in）、200 mm×24 mm（8 in）、250 mm×30 mm（10 in）和 300 mm×36 mm（12 in）等四种规格。

2. 活动扳手的使用方法

（1）扳动大螺母时，常用较大的力矩，手应握在近柄尾处，如图 2-1-13b 所示。

（2）扳动较小螺母时，所用力矩不大，但螺母过小易打滑，故手应握在接近扳头的地方，如图 2-1-13c 所示，这样可随时调节蜗轮，收紧活动扳唇，防止打滑。

（3）活动扳手不可反用，以免损坏活动扳唇，也不可用钢管接长手柄施加较大的扳拧力矩。

（4）活动扳手不得当作撬棍和手锤使用。

（九）喷灯

喷灯是一种利用喷射火焰对工件进行加热的工具，常用来焊接铅包电缆的铅包层、大截面铜导线连接处的锡以及其他连接表面的防氧化镀锡等。喷灯火焰的温度可达 900 ℃以上。

1. 喷灯的结构　喷灯的结构如图 2 - 1 - 14 所示,按其所使用的燃料可分为燃油（煤油、汽油）喷灯和燃气喷灯。

a. 燃油喷灯　　　　　　　　　b. 燃气喷灯

图 2 - 1 - 14　喷灯

2. 燃油喷灯的使用方法

（1）加油：旋下加油阀下面的螺栓,倒入适量油液,以不超过筒体容积的 3/4 为宜。保留一部分空间的目的在于储存压缩空气,以维持必要的空气压力。加完油后应及时旋紧加油口的螺栓,关闭放油调节阀的阀杆,擦净洒在外部的油液,并认真检查是否有渗漏现象。

（2）预热：先在预热燃烧盘内注入适量汽油,用火点燃,将火焰喷头烧热。

（3）喷火：当火焰喷头烧热后,在燃烧盘内的汽油燃完之前,用打气阀打气 3~5 次,然后再慢慢打开放油调节阀的阀杆,喷出油雾,喷灯即点燃喷火。随后继续打气,直到火焰正常为止。

（4）熄火：先关闭放油调节阀,直至火焰熄灭,再慢慢旋松加油口螺栓,放出筒体内的压缩空气。

（5）操作提示：

1）喷灯在加油、放油及检修过程中,均应在熄火后进行。加油时应先将油阀上螺栓慢慢放松,待气体放尽后方可开盖加油。

2）煤油喷灯筒体内不得掺加汽油。

3）喷灯在使用过程中应注意筒体的油量，一般不得少于筒体容积的1/4。油量太少会使筒体发热，易发生危险。

4）打气压力不应过高。打完气后，应将打气柄卡牢在泵盖上。

5）喷灯工作时应注意火焰与带电体之间的安全距离，距离10 kV 以下带电体应大于 1.5 m；距离 10 kV 以上带电体应大于 3 m。

3. 燃气喷灯的使用方法

（1）燃气喷灯的特点：

1）使用简单、安全，携带方便，不怕强风。

2）倒置或倾斜任何角度均可使用，不会熄火。

3）采用304#不锈钢材质，质轻坚固，不生锈。

4）气瓶装卸快速、准确，不用时要卸下挂置以防漏气，并节省燃气。

（2）燃气喷灯的使用方法：

1）把气瓶斜放入底座圆槽内，以气瓶下压底座。

2）压下底座后，气瓶靠紧握臂上的弧板，然后迅速放开气瓶，使气瓶嘴进入进气口。

3）稍微打开气阀，让微量燃料溢出，迅速点火。然后再开火焰，约20 s 后倾斜任何角度均可使用。

4）停止使用时，关闭气阀确定火已熄灭，把气瓶移出进气口，挂置。

（3）操作提示：

1）燃料瓶与喷灯结合后，请检查结合处有无漏气产生的异味或声音，也可浸入水中察看，若有漏气现象，请勿点火使用。

2）清除喷火嘴处的污垢，可利用附于底座下的通针来去除。

4. 喷灯的维护

（1）喷灯用过后，应放尽气体，存放在不受潮的地方。

（2）不得用重物碰撞喷灯以免出现裂纹，影响安全使用。

（3）喷灯螺栓、螺母等有滑丝现象时应及时更换。

（十）手持式电钻

手持式电钻是一种头部有钻头，内部装有单相整流子电动机，靠旋转力钻孔的手持式电动工具。它分普通电钻和冲击钻两种。普通电钻上的通用麻花钻仅靠旋转就能在金属上钻孔。冲击电钻采用旋转带冲击的工作方式，一般带有调节开关。当调节开关在旋转无冲击即"钻"的位置时，其功能如同普通电钻；当调节开关在旋转带冲击"锤"的位置时，镶有硬质合金的钻头便能在混凝土和砖墙等建筑构架上钻孔。冲击钻的外形如图 2 - 1 - 15 所示。

图 2 - 1 - 15 冲击钻

注意事项：

（1）长期搁置不用的冲击钻，在使用前必须使用 500 V 的兆欧表测定对地绝缘电阻，其阻值应不小于 0.5 MΩ。

（2）使用金属外壳冲击钻时，必须戴绝缘手套，穿绝缘鞋或站在绝缘板上，以确保操作人员的安全。

（3）在钻孔过程中应经常把钻头从钻孔中抽出以排除钻屑。

二、量具的使用

（一）钢直尺

钢直尺是一种简单的长度量具，尺面上刻有尺寸刻线，最小刻线距为 0.5 mm，它的长度规格有 150 mm、300 mm、1 000 mm 等多种。钢直尺用来量取尺寸，也可以作划直线的导向工具。如图 2 - 1 - 16 所示。

图 2 - 1 - 16 钢直尺

（二）游标卡尺

游标卡尺是一种中等精度的量具，如图 2 - 1 - 17 所示。它可以直接测量出工件的内外尺寸和深度尺寸。

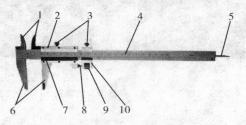

图 2 - 1 - 17 游标卡尺

1. 孔用量爪 2. 活动尺身 3. 紧固螺钉 4. 固定尺身 5. 测深杆
6. 轴用量爪 7. 游标 8. 螺杆 9. 微调螺母 10. 微调装置

1. 刻线原理 下面以 0.02 mm 游标卡尺为例来说明其刻线原理。尺身每小格为 1 mm，在游标上把 49 mm 分为 50 格，当两量爪合并时，游标上 50 格刚好与尺身的 49 mm 对正。如图 2 - 1 - 18 所示，因此游标刻线每小格为 49 mm/50 = 0.98 mm。读数值为尺身与游标每格之差，即 1 mm - 0.98 mm = 0.02 mm。

2. 游标卡尺的使用 用游标卡尺测量尺寸前，应擦净量爪两测量面，将两测量面接触贴合，校准零位并用透光法检测两测量面的密合性。两测量面应密不透光，否则，应进行修理。

测量时，应将两量爪张开到略大于被测尺寸，将固定量爪的测量面贴紧工件。然后轻轻用力移动副尺，使活动量爪的测量面

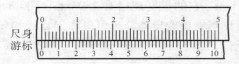

图2-1-18 0.02 mm 游标卡尺的刻线原理

也靠紧工件，并使卡尺测量面的连线垂直于被测量面。最后把制动螺钉拧紧，并读出所测数值。游标卡尺的使用如图2-1-19所示。

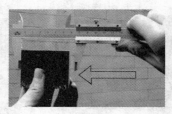

a.正确   b.错误

图2-1-19 游标卡尺的使用

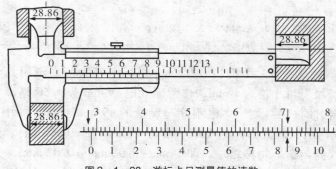

图2-1-20 游标卡尺测量值的读数

3. 游标卡尺测量值的读数步骤

（1）读整数：副尺零线左边主尺的第一条刻线是整数的毫米值，图2-1-20中为28 mm。

（2）读小数：在副尺上找出哪一条刻线与主尺刻线对齐，在对齐处从副尺上读出以毫米为单位时的小数值，图中为0.86 mm。

（3）将上述两数值相加，即为游标卡尺测量的尺寸，即工件尺寸为28.86 mm。

（三）外径千分尺

外径千分尺是一种精度较高的量具，简称千分尺，其外形及结构如图2-1-21所示。

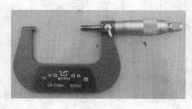 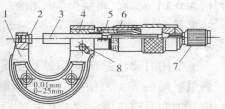

a. 外形　　　　　　　　　　　　　b. 结构

图2-1-21　外径千分尺的外形及结构

1. 尺架　2. 测砧　3. 测微螺杆　4. 螺纹轴套　5. 固定套筒　6. 微分筒
7. 棘轮　8. 锁紧装置

1. 刻线原理　外径千分尺的测微螺杆螺距为0.5 mm，即微分筒每转一周，测微螺杆便沿轴线移动0.5 mm。微分筒的外锥面上分为50格，所以当微分筒每转过一小格时，测微螺杆便沿轴线移动0.5 mm/50＝0.01 mm。在外径千分尺的固定套管上刻有轴向中线，作为微分筒的读数基准线，基准线两侧分布有1 mm间隔的刻线，并相互错开0.5 mm。上面一排刻线标出的数字，表示毫米整数值；下面一排刻线未标数字，表示对应于上面刻线的半毫米值。

2. 外径千分尺的使用　用外径千分尺测量和读数的步骤如下：

1）测量前将外径千分尺测量面擦净，然后检查零位的准确性。

2）将工件被测表面擦净，以保证测量准确。

3）用单手或双手握持外径千分尺对工件进行测量，一般先转动微分筒，当外径千分尺的测量面刚接触到工件表面时改用棘轮，当听到测力控制装置发出"嗒嗒"声时，停止转动，即可读数。

4）读数时，要先看清内套筒（固定套筒）上露出的刻线，读出毫米数或半毫米数。然后再看清外套筒（微分筒）的刻线和内套筒的基准线所对齐的数值（每格为0.01 mm），将两个读数相加，其结果就是测量值。如图2-1-22所示。

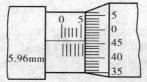

图2-1-22　外径千分尺的读数

使用时要注意不能用外径千分尺测量粗糙的表面，使用后应擦净测量面并加润滑油防锈，放入盒中。

第二节　电工仪器仪表的使用

一、万用表及其使用方法

（一）万用表的结构

万用表主要由测量机构、测量线路、转换开关三部分组成。

1. 测量机构的作用　测量机构主要是把过渡电量转换为仪表指针的机械偏转角。万用表的测量机构通常采用磁电系直流微安表，其满偏电流为几微安到几百微安。满偏电流越小的测量机构，其灵敏度越高，万用表的灵敏度一般用电压灵敏度来表示。

2. 测量线路的作用　测量线路的作用是把各种不同的被测电量（如电流、电压、电阻等）转换为磁电系测量机构所能接受的微小直流电流（过渡电量）。

3. 转换开关的作用　转换开关的作用是把测量线路转换为

所需的测量种类和量程。万用表的转换开关一般采用多层多刀多掷开关。图2-2-1为两种万用表的外形。

a. MF47型万用表　　　　b. 500型万用表

图2-2-1　万用表的外形

万用表的基本工作原理主要是建立在欧姆定律和电阻串、并联规律的基础之上。电压灵敏度是万用表的主要参数之一。对一只万用表来说，当它拨到电压挡时，电压量程越高，电压挡内阻越大。但是，各量程内阻与相应电压量程的比值却是一个常数，该常数就是电压灵敏度，单位是"Ω/V"。电压灵敏度的意义是：电压灵敏度越高，其电压挡的内阻越大，对被测电路的影响越小，测量准确度越高。

（二）万用表的正确使用方法

1. 使用之前调零　为了减小测量误差，在使用万用表之前应先进行机械调零。在测量电阻之前，还要进行欧姆调零。如图2-2-2所示。

2. 正确接线　万用表面板上的插孔和接线柱都有极性标记。使用时将红表笔与"＋"极性孔相连，黑表笔与"－"极性孔相连。测量直流电时，要注意正、负极性不得接反，以免指针反转。测量电流时，万用表应串联在被测电路中；测量电压时，万

a.机械调零　　　　　　　　　　　b.欧姆调零

图 2 - 2 - 2　万用表调零

用表要并联在被测电路两端。在用万用表测量晶体管时，应牢记万用表的红表笔与内部电池的负极相接，黑表笔与内部电池的正极相接。如图 2 - 2 - 3 所示。

图 2 - 2 - 3　正确接线　　　　**图 2 - 2 - 4　选择合适的挡位**

3. 正确选择测量挡位　测量挡位包括测量对象和量程。如测量电压时应将转换开关放在相应的电压挡，测量电流时应将其放在相应的电流挡等。如误用电流挡去测量电压，会造成万用表损坏。选择电流或电压量程时，应使指针处在标度尺 2/3 以上的位置；选择电阻量程时，最好使指针处在标度尺的中间位置。这样做的目的是为了尽量减小测量误差。测量时，当不能确定被测电流、电压的数值范围时，应先将转换开关转至对应的最大量程，然后根据指针的偏转程度逐步减小至合适量程。如图 2 - 2 - 4 所示。

4. 测量

（1）测电阻：右手握持两表笔，左手拿住电阻的中间处，将表笔跨接在电阻的两引线上，如图 2 - 2 - 5 所示。

图 2 - 2 - 5 测量电阻　　　　　图 2 - 2 - 6 单手操作

（2）测电流：

1）将转换开关放置在直流挡，根据被测电流选择合适的量程。测量时，将万用表串联于被测电路中，电流流入端与红表笔相接，流出端与黑表笔相接。

2）若电源内阻和负载电阻都很小，应尽量选择较大的电流量程。不能带电变换挡位和量程。

3）测量较大电流时，需将红表笔插入 2 500 A 挡。

（3）测电压：

1）如果测量直流电压，一定要注意极性，红表笔放置在高电位，黑表笔放置在低电位。

2）测量时表笔接触测量部位要准确，接触良好，不要碰触其他电路。否则，将影响测量结果，甚至损坏万用表及测量电路。

3）对于测量相对于某一参考点的电位时，可将表笔一端固定在参考点进行单手操作。如图2－2－6所示。测量高内阻电源电压时，应尽量选择较高的电压量程，以减少表头内阻对量程结果的影响。测量带感抗电路的电压时，必须在切断电源前脱开万用表。

5. **读数**　在万用表的表盘上有许多条标度尺，分别用于不同的测量对象。所以测量时要在对应的标度尺上读数，同时应注意标度尺读数和量程的配合，避免出错。

（1）将两表笔与电阻两端接触，使指针指向中心位置附近。此时，将指针所指读数乘以欧姆量程，就得出被测电阻的阻值。

（2）读表是反映测量结果的主要环节，测量电压和电流时看第二条刻度线。如图2－2－7所示。

图2－2－7　读数

6. **维护保养**　万用表使用完毕，应将其转换开关置于交流电压最高挡或空挡。

7. **注意事项**

（1）进行欧姆调零时，将两表笔短路，观察指针是否指在欧姆零位。如果指针没有指在欧姆零位，可以左右调整欧姆调零器，直至指针指在欧姆零位。

（2）使用中如果反复调整欧姆调零器，指针仍然没有指在欧姆零位，就应该检查表内电池的电压是否低于 1.2 V。

（3）严禁在被测电阻带电的情况下用万用表的欧姆挡测量电阻。

（4）用万用表测量电阻时，所选择的倍率挡应使指针处于表盘的中间段。

二、兆欧表及其使用方法

兆欧表俗称"摇表"，它主要由磁电系比率表、手摇直流发电机、测量线路三大部分组成，如图 2-2-8 所示。其用途是测量电气设备的绝缘电阻。磁电系比率表的特点是：其指针的偏转角与通过两动圈电流的比率有关，而与电流的大小无关。兆欧表的正确使用步骤如下：

1. 正确选择兆欧表　选择兆欧表的原则，一是其额定电压一定要与被测电气设备或线路的工作电压相适应；二是兆欧表的测量范围也应与被测绝缘电阻的范围相符合，以免引起大的读数误差。

2. 兆欧表的正确接线

图 2-2-8　兆欧表

兆欧表有三个接线端钮，分别标有 L（线路）、E（接地）和 G（屏蔽），使用时应按测量对象的不同来选用。当测量电气设备对地的绝缘电阻时，应将 L 接到被测设备上，E 可靠接地即可。如图 2-2-9 所示。

3. 使用兆欧表前的检查　使用兆欧表前要先检查其是否完好。检查步骤是：在兆欧表未接通被测电阻之前，摇动手柄使发

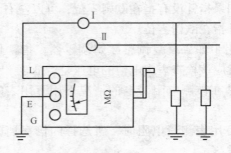

图 2 - 2 - 9　兆欧表的接线

电机达到 120 r/min 的额定转速，观察指针是否指在标度尺的"∞"位置。再将端钮 L 和 E 短接，缓慢摇动手柄，观察指针是否指在标度尺的"0"位置。如果指针不能指在相应的位置，表明兆欧表有故障，必须检修后才能使用。如图 2 - 2 - 10 所示。

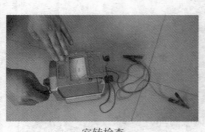
a. 空转检查

检查兆欧表
b. 短接检查

图 2 - 2 - 10　兆欧表使用前的检查

4. 测量绝缘电阻　下面以三相异步电动机为例说明用兆欧表测量电阻的操作方法。

（1）先测量各相绕组对地的绝缘电阻：将兆欧表的 E 端接电动机的外壳，L 端接在电动机 U 相绕组接线端上，如图 2 - 2 - 11 所示。摇动手柄应由慢到快逐渐增加到 120 r/min，手摇发电机时要保持匀速。若发现指针指零，应立即停止摇动手柄。要注意，读数应在匀速摇动手柄 1 min 以后读取。

测量电动机 V 相绕组对地的绝缘电阻：将兆欧表的 L 端改接在 V 相绕组接线端，摇动手柄 1 min 以后读取读数。用相同的方法测量电动机 W 相绕组对地的绝缘电阻。

图 2 - 2 - 11　兆欧表 E 端、L 端的接线

（2）测量电动机绕组相与相之间的绝缘电阻：将兆欧表的 L 端和 E 端分别接在每两相绕组接线端，摇动手柄 1 min 以后读取读数。

5. 记录测量结果　将各测量结果用笔记录，根据测量结果，电动机各相绕组对地的绝缘电阻和各相绕组之间的绝缘电阻均大于 500 MΩ，完全符合技术要求。

6. 注意事项

（1）测量绝缘电阻必须在被测设备和线路停电的状态下进行。对含有大电容的设备，测量前应先进行放电，测量后也应及时放电，放电时间不得少于 2 min，以保证人身安全。

（2）兆欧表与被测设备间的连接导线不能用双股绝缘线或绞线，应用单股线分开单独连接，以避免线间电阻引起的误差。

（3）摇动手柄时应由慢到快至额定转速 120 r/min。在此过程中，若发现指针指零，说明被测绝缘物发生短路事故，应立即停止摇动手柄，避免表内线圈因发热而损坏。

（4）测量具有大电容设备的绝缘电阻时，读数后不能立即停止摇动兆欧表，以防已充电的设备放电而损坏兆欧表。应在读数后一边降低手柄转速，一边拆去接地线。在兆欧表停止转动和被测物充分放电之前，不能用手触及被测设备的导电部分。

（5）测量设备的绝缘电阻时，应记下测量时的温度、湿度、被测设备的状况等，以便于分析测量结果。

三、钳形电流表及其使用方法

钳形电流表的最大优点是能在不停电的情况下测量电流。根据钳形电流表的结构及用途，可将其分为互感器式钳形电流表和电磁系钳形电流表两种。常用的是互感器式钳形电流表，它由电流互感器和整流系仪表组成，外形如图 2 - 2 - 12 所示。它只能测量交流电流。

图 2 - 2 - 12　互感器式钳形电流表

下面以用钳形电流表测量三相异步电动机的工作电流为例，说明钳形电流表的使用方法。

（1）测量前将电动机与电源连接好，并先检查钳形表有无损坏。

（2）估计被测电流的大小，选择合适的量程。若无法估计被测电流的大小，则应先从最大量程开始，逐步换成合适的量程。转换量程应在其退出连接后进行。

（3）测量并读取测量结果。合上电源开关，将被测电流导线置于钳口内的中心位置，以免增大误差，如图 2 - 2 - 13 所示。若量程不对，应在退出钳口后转换量程。如果转换量程后指针仍不动，需继续减小量程至较小的量程（50 A），此时仪表指针指示电动机空载电流为 10 A。

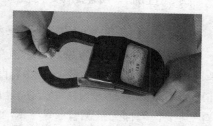

图2-2-13 测量并读取测量值　　图2-2-14 用乙醇或汽油擦调试钳口

（4）使用时钳口的结合面要保持良好的接触，如有杂声，应将钳口重新开合一次。若杂声依然存在，应检查钳口处有无污垢存在，如有污垢，可用乙醇或汽油擦干净钳口后再进行测量，如图2-2-14所示。

（5）测量5 A以下较小电流时，可将被测导线多绕几圈再放入钳口测量，被测的实际电流值就等于仪表读数除以放进钳口中的导线的圈数。如图2-2-15所示。

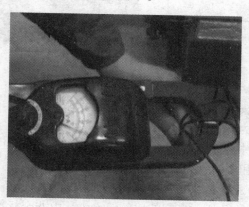

图2-2-15 测量小电流

（6）测量完毕，应将仪表的量程开关置于最大量程位置上，以防下次使用时，由于使用者疏忽而造成仪表损坏。

四、直流单臂电桥及其使用方法

(一) 直流单臂电桥的原理和结构

1. 直流单臂电桥的原理　直流单臂电桥又称为惠斯通电桥，是一种专门用来精确测量 1 Ω 以上直流电阻的仪器。它的原理和外形如图 2-2-16 所示。R_x、R_2、R_3、R_4 分别组成电桥的四个臂。其中，R_x 称为被测臂，R_2、R_3 构成比例臂，R_4 称为比较臂。

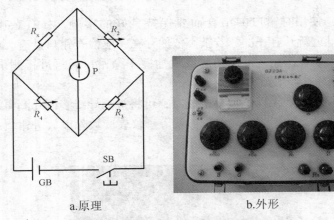

　　a.原理　　　　　　　　　　　　b.外形

图 2-2-16　直流单臂电桥的原理和外形

　　当接通按钮开关 SB 后，调节标准电阻 R_2、R_3、R_4，使检流计 P 的指示为零，即 $I_P = 0$，这种状态称为电桥的平衡状态。电桥平衡的条件是 $R_2 \cdot R_4 = R_x \cdot R_3$，它说明，电桥中两组相对臂的电阻乘积相等时，检流计中的电流 $I_P = 0$。

　　2. QJ23 型直流单臂电桥　QJ23 型直流单臂电桥的电路及面板如图 2-2-17 所示。它的比例臂 R_2/R_3 由八个标准电阻组成，共分为七挡，由转换开关 SA 换接。比例臂的读数盘设在面板左上方。比较臂 R_4 由四个可调标准电阻组成，它们分别由面板上的四个读数盘控制，可得到从 0~9 999 Ω 范围内的任意电阻值，最小步进值为 1 Ω。

　　面板上标有"R_x"的两个端钮用来连接被测电阻。当使用外接电源时，可从面板左上角标有"B"的两个端钮接入。如需使用外附检流计时，应用连接片将内附检流计短路，再将外附检流计接在面板左下角标有"外接"的两个端钮上。

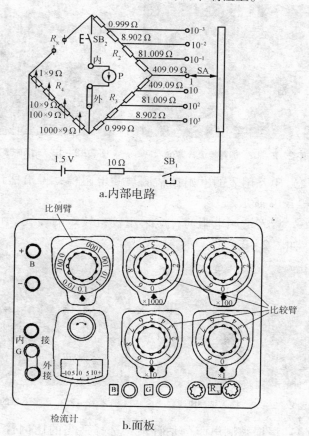

a.内部电路

b.面板

图 2－2－17　QJ23 型电桥内部电路与面板

（二）直流单臂电桥的使用

（1）调整检流计零位：测量前应先将检流计开关拨向"内接"位置，即打开检流计的锁扣。然后调节调零器使指针指在零位，如图2－2－18所示。

图2－2－18　调整检流计零位

图2－2－19　估测被测电阻值

（2）用万用表的欧姆挡估测被测电阻值，得出估计值，如图2－2－19所示。

（3）接入被测电阻时，应采用较粗较短的导线，并将接头拧紧，如图2－2－20所示。

图2－2－20　接入被测电阻

图2－2－21　选择适当的比例臂

（4）根据被测电阻的估计值，选择适当的比例臂，使比较臂的四挡电阻都能被充分利用，从而提高测量准确度。例如，被测电阻约为几十欧时，应选用"×0.01"的比例臂。被测电阻约为几百欧时，应选用"×0.1"的比例臂。如图2-2-21所示。

（5）当测量电感线圈的直流电阻时，应先按下电源按钮，再按下检流计按钮。测量完毕，应先松开检流计按钮，后松开电源按钮，以免被测线圈产生自感电动势而损坏检流计。如图2-2-22所示。

（6）电桥电路接通后，若检流计指针向"+"方向偏转，应增大比较臂电阻；反之，应减小比较臂电阻。如图2-2-23所示。

图2-2-22　按钮操作　　　　图2-2-23　检流计指针

（7）电桥检流计平衡时，读取被测电阻值，该值等于比例臂读数乘以比较臂读数。

（8）电桥使用完毕，应先切断电源，然后拆除被测电阻，最后将检流计锁扣锁上。

（9）注意事项：

1）使用前应先检查内附电池，电池容量不足时会影响测量的准确度，要及时更换电池。

2）连接导线应尽量短而粗，接点漆膜或氧化层应刮干净，接头要拧紧，以防因接触不良而影响准确度或损坏检流计。

3）采用外接电源时，必须注意电源的极性，且不可使电源电压值超过电桥的规定值。

4）长期不用的电桥，应取出内附电池，把电桥放在通风、干燥、阴凉的环境中保存。

5）要保证电桥的接触点接触良好，如发现接触不良，可拆去外壳，用沾有汽油的纱布清洗，并旋转各旋钮，清除接触面的氧化层，再涂上一层薄薄的中性凡士林油。

五、示波器及其使用方法

两种双踪示波器的外形分别如图 2 – 2 – 24a、2 – 2 – 24b 所示，使用双踪示波器测量波形时的步骤如下：

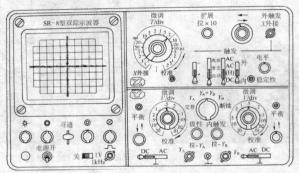

a. SR–8型双踪示波器

b. HG2020型双踪示波器

图 2 – 2 – 24　双踪示波器

（一）测试前的准备

（1）将电源插头插入交流电源插座之前，按表2-2-1设置仪器的开关及控制旋钮，显示扫描线。

表2-2-1　双踪示波器各开关及旋钮的位置

开关名称	位置设置	开关名称	位置设置
电源开关	断开	触发源	CH_1
辉度	相当于时钟"3"点位置	耦合选择	AC
Y 轴工作方式	CH_1	电平	锁定（逆时针旋到底）
垂直位移	中间位置，推进去	释抑	常态（逆时针旋到底）
V/Div	10 mV/Div	T/Div	0.5 ms/Div
垂直微调	校准（顺时针旋到底），推入	水平微调	校准（顺时针旋到底），推入
AC — ⊥ — DC	接地 ⊥	水平位移	中间位置

a. 调节亮度旋钮　　　　　　　b. 调节聚焦旋钮

图2-2-25　调节亮度和聚焦旋钮

（2）打开电源调节亮度和聚焦旋钮，使扫描基线清晰度较好。如图2-2-25所示。

（3）一般情况下，将垂直微调和扫描微调旋钮处于"校准"位置，以便读取"V/Div"和"T/Div"的数值。

（4）调节 CH_1 垂直移位：使扫描基线设定在屏幕的中间，若此光迹在水平方向略微倾斜，调节光迹旋转旋钮，使光迹与水平刻度线相平行。

（5）校准波形：由探头输入方波校准信号到 CH$_1$ 输入端，将 $0.5V_{P-P}$ 校准信号加到探头上。将"AC – ⊥ – DC"开关置于"AC"位置，校准波形显示在屏幕上。

（二）使用双踪示波器测量信号

（1）将被测信号输入到示波器通道输入端。注意输入电压不可超过 400 V（DC + AC$_{P-P}$）。使用探头测量大信号时，必须将探头衰减开关拨到"×10"位置，此时输入信号减小到原值的 1/10，实际的"V/Div"值为显示值的 10 倍。如果"V/Div"置于 0.5 V/Div，那么实际值应等于 0.5 $V/Div \times 10 = 5$ V。测量低频小信号时，可将探头衰减开关拨到"×1"位置。

如果要测量波形的快速上升时间或高频信号，必须将探头的接地线接在被测量点附近，减小波形的失真。

（2）按照被测信号参数的测量方法不同，选择各旋钮的位置，使信号正常显示在荧光屏上，记录测量的读数或波形。测量时必须注意将 Y 轴增益微调旋钮和 X 轴增益微调旋钮旋至"校准"位置。因为只有在"校准"时才可按照开关"V/Div"及"T/Div"指示值计算所得测量结果。同时还应注意，面板上标记的垂直偏转因数"V/Div"中的"V"是指峰—峰值。如图 2 – 2 – 26 所示。

（3）根据记下的读数进行分析、运算、处理，得到测量结果。

（三）使用双踪示波器时的注意事项

（1）使用前必须检查电网电压是否与示波器要求的电源电压相一致。

（2）通电后需预热 15 min 后再调整各旋钮。必须注意亮度不可过大，且亮点不可长期停留在一个位置上，以免缩短示波管的使用寿命。仪器暂时不用时可将亮度调小，不必切断电源。

图2-2-26　记录测量的读数或波形

　　（3）通常信号引入线都需使用屏蔽电缆。示波器的探头有的带有衰减器，读数时需加以注意。各种型号示波器的探头要专用。

第三章　电工基本操作

第一节　导线连接与绝缘层的恢复

在电气安装中，导线的连接是电工的基本操作技能之一。导线连接的质量好坏，直接关系着线路和设备能否可靠、安全地运行。对导线的基本要求是：电接触良好，有足够的机械强度，接头美观，绝缘恢复正常。

一、导线绝缘层的剖削

导线线头的绝缘层必须剖削除去，以便芯线连接，电工必须学会用电工刀或钢丝钳来剖削绝缘层。

（一）塑料硬线绝缘层的剖削

塑料硬线绝缘层可用钢丝钳进行剥离，也可用剥线钳或电工刀进行剖削。

（1）芯线横截面积≤4 mm^2 的塑料硬线，一般可用钢丝钳进行剖削，方法如图 3－1－1 所示，剖削应注意：

1）用左手捏导线，根据线头所需长短用钢丝钳口切割绝缘层，但不可切入线芯。

2）然后用手握住钢丝钳头并用力向外拉出塑料绝缘层。

3）剖削出的芯线应保持完整无损，如损伤较大应剪断损伤部位后重新剖削。

（2）芯线横截面积大于 4 mm^2 的塑料导线，可用电工刀来剖

图3-1-1 用钢丝钳剖削塑料硬线绝缘层

削绝缘层。其方法和步骤如表3-1-1所示。

表3-1-1 用电工刀剖削绝缘层的步骤

图　　示	操作步骤
	根据所需的长度用电工刀以45°切入塑料层
	刀面与芯线保持25°左右，用力向线端推削，但不可切入芯线，削去上面一层塑料绝缘层
	将下面塑料绝缘层向后扳翻，最后用电工刀齐根切去

（二）塑料软线绝缘层的剖削

塑料软线绝缘层只能用剥线钳或钢丝钳剖削，不可用电工刀剖削，其剖削方法同塑料硬线绝缘层的剖削。

（三）塑料护套线绝缘层的剖削

塑料护套线的绝缘层必须用电工刀来剖削，剖削方法如表3－1－2所示。

表3－1－2　　塑料护套线绝缘层的剖削

图　示	操作步骤
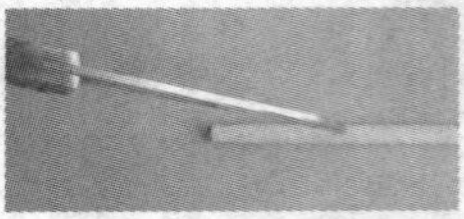	按所需长度用刀尖对准芯线缝隙划开护套层
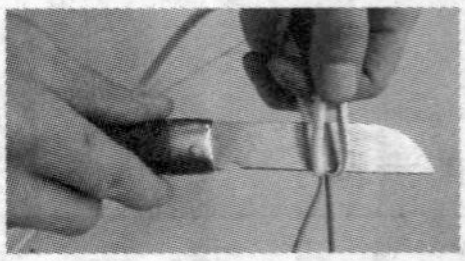	向后扳翻护套，用刀齐根切去，在距离护套层5～10 mm处，用电工刀以45°切入绝缘层。其他剖削方法同塑料硬线绝缘层的剖削

（四）橡皮线绝缘层的剖削

橡皮线绝缘层外面有一层柔软的纤维保护层，其剖削方法如下：

（1）先把橡皮线纺织保护层用电工刀尖划开，下一步与剖削护套线的护套层的方法类似。

（2）用与剖削塑料线绝缘层相同的方法剖去橡胶层。

（3）将松散的棉纱层集中到根部，用电工刀切去。

（五）花线绝缘层的剖削

（1）在所需长度处用电工刀在棉纱纺织物保护层四周切割一圈后拉去。

（2）距棉纱纺织物保护层末端10 mm处，用钢丝钳刀口切割橡胶绝缘层，不能损伤芯线。然后右手握住钳头，用左手把花线用力抽拉，钳口拉出橡胶绝缘层的方法如图3－1－2a所示。

（3）最后把包裹芯线的棉纱层松散开来，用电工刀割去。

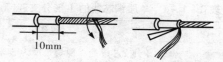

a.将棉纱层散开　　　　b.割断棉纱

图3-1-2　花线绝缘层的剖削

二、导线连接

(一) 铜芯导线的连接

当导线不够长或要分接支路时，就要进行导线与导线的连接。常用导线的线芯有单股、7 股和 11 股等多种，连接方法随芯线的股数不同而不同。

1. 单股铜芯线的直线连接　单股铜芯线的直线连接步骤如表 3-1-3 所示。

表3-1-3　单股铜芯线的直线连接

图　　示	操作步骤
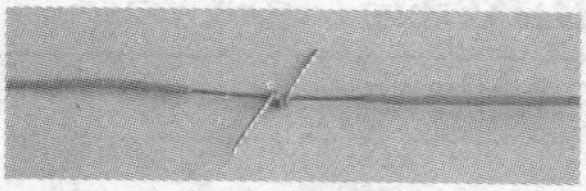	绝缘剖削长度为芯线直径的 70 倍左右，去掉氧化层；把两线头的芯线以 X 形相交，互相绞接 2~3 圈
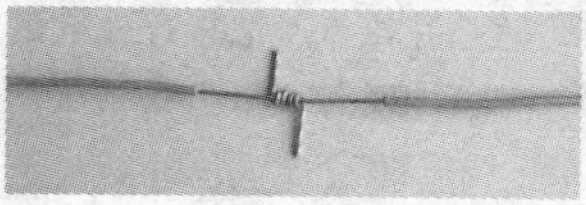	然后扳直两线头
	将每个线头在芯线上紧贴并缠绕 6 圈，用钢丝钳切去余下的芯线，并钳平芯线的末端

2. 单股铜芯线的 T 形分支连接　单股铜芯线的 T 形分支连接步骤如表 3-1-4 所示。

表 3 - 1 - 4　单股铜芯线的 T 形分支连接

图　示	操作步骤
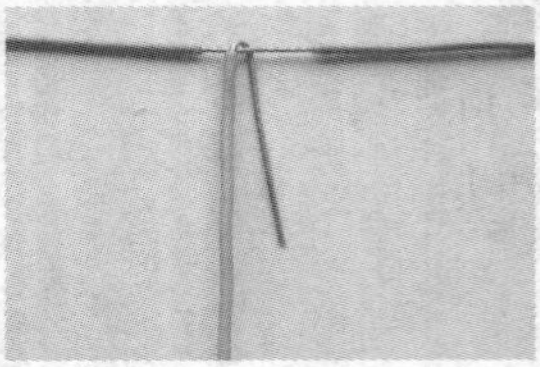	分支芯线绝缘剖切长度为芯线直径的 50 倍左右，干路芯线绝缘剖削长度为 40 mm + 芯线直径的 50 倍左右。将分支芯线的线头与干路芯线十字相交，使支路芯线根部留出 3 ~ 5 mm，然后按顺时针方向缠绕支路芯线，缠绕 6 ~ 8 mm 后，用钢丝钳切去余下的芯线，并钳平芯线末端
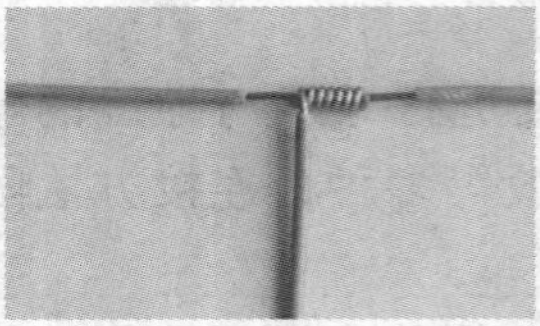	分支芯线绝缘剖切长度为芯线直径的 50 倍左右，干路芯线绝缘剖削长度为 40 mm + 芯线直径的 50 倍左右。芯线要去掉氧化层；较小截面积芯线可按左图所示方法环绕成结状，然后再把支路芯线头抽紧扳直，紧密地缠绕 6 ~ 8 mm 后，剪去多余芯线，钳平切口毛刺

　　3. 7 股铜芯导线的直线连接　7 股铜芯导线的直线连接步骤如表 3 - 1 - 5 所示。

表 3 - 1 - 5　7 股铜芯导线的直线连接

图　示	操作步骤
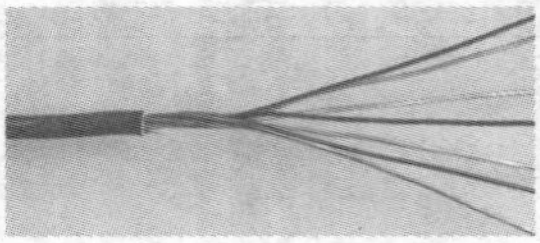	绝缘剖削长度应为导线直径的 21 倍左右。然后把剖去绝缘层的芯线散开并拉直，把靠近根部的 1/3 线段的芯线绞紧，然后把余下的 2/3 芯线头分散成伞形，并把每根芯线拉直
	把两个伞形芯线头隔根对叉，并拉平两端芯线
	把一端 7 股芯线按 2、2、3 根分成三组，接着把第一组 2 根芯线扳起，垂直于芯线并按顺时针方向缠绕

续表

图　　示	操作步骤
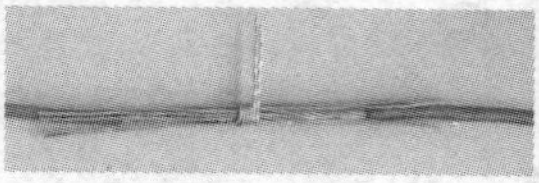	缠绕2圈后，余下的芯线向右扳直，再把下边第二组的2根芯线向上扳直，也按顺时针方向紧紧压着前2根扳直的芯线缠绕
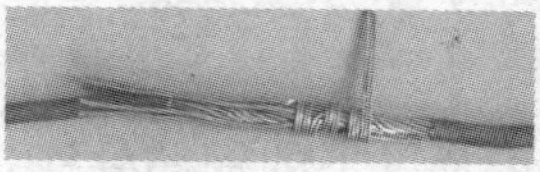	缠绕2圈后，也将余下的芯线向右扳直，再把下边第三组的3根芯线向上扳直，也按顺时针方向紧紧压着前4根扳直的芯线缠绕
	缠绕3圈后，切去每组多余的芯线，钳平线端，如左图所示。用同样的方法再缠绕另一端芯线

4.7股铜芯导线的分支连接　　7股铜芯导线的分支连接步骤如表3－1－6所示。

表3－1－6　7股铜芯导线的分支连接

图　　示	操作步骤
	把分支芯线散开钳直，线端剖开长度为 l。接着把近绝缘层 $l/8$ 的芯线绞紧，把分支线头的 $7l/8$ 的芯线分成两组，一组4根，另一组3根，并排齐。然后用旋凿把干路芯线撬分成两组，再把支线成排插入缝隙间
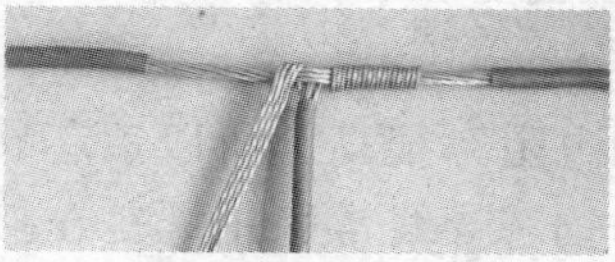	把插入缝隙间的7根线头分成两组，一组3根，另一组4根，分别按顺时针方向和逆时针方向缠绕3~4圈

图　　示	操作步骤
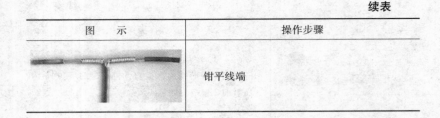	钳平线端

5. 铜芯导线接头处的锡焊

（1）电烙铁锡焊：对截面积在 10 mm^2 及以下的铜芯导线接头，可使用功率为 150 W 的电烙铁进行锡焊。锡焊前，接头上均须涂一层无酸焊锡膏，待电烙铁烧热后，即可锡焊。

（2）浇焊：对截面积在 16 mm^2 及以上的铜芯导线接头，应用浇焊法进行锡焊。浇焊时，首先将焊锡放在化锡锅内，用喷灯或电炉熔化，使表面呈磷黄色，焊锡即达到高热。然后将导线接头放在锡锅上面，用勺盛上熔化的锡，从接头上面浇下，如图 3 - 1 - 3 所示。刚开始时，因为接头较冷，锡在接头上不会有很好的

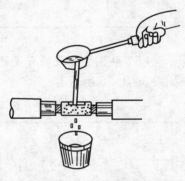

图 3 - 1 - 3　浇焊

流动性，应继续浇下去，使接头处温度提高，直到全部焊牢为止。最后用抹布轻轻擦去焊渣，使接头表面光滑。

（二）铝芯导线的连接

由于铝极易被氧化，且铝氧化膜的电阻率很高，所以铝芯导线不宜采用铜芯导线的方法进行连接，铝芯导线常采用螺钉压接法和压接管压接法连接。

1. 螺钉压接法连接　螺钉压接法连接适用于负荷较小的单股铝芯导线的连接，其步骤如下：

（1）把削去绝缘层的铝芯线头用钢丝刷刷去表面的铝氧化膜，并涂上中性凡士林，如图3－1－4a所示。

（2）做直线连接时，先把每根铝芯导线在接近线端处卷上2～3圈，以备线头断裂后再次连接用。然后把四个线头两两相对地插入两只瓷头（又称为接线桥）的四个接线柱上。最后旋紧接线桩上的螺钉，如图3－1－4b所示。

（3）若要做分路连接时，需要把支路导线的两个芯线头分别插入两个接线桩上，最后旋紧螺钉，如图3－1－4c所示。

（4）最后在瓷接头上加罩铁皮盒盖。

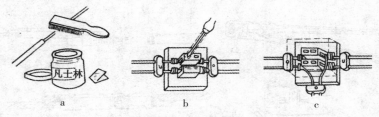

图3－1－4　螺钉压接法

如果连接处是在插座或熔断器附近，则不必用瓷接头，可用插座或熔断器上的接线桩进行连接，如图3－1－5所示。

a. 插座接线桩连接　　　　　　b. 熔断器接线桩连接

图3－1－5　用插座或熔断器上的接线桩进行连接

2. **压接管压接法连接**　压接管压接法连接适用于较大负荷的多根铝芯导线的直线连接。手动压接钳和压接管（又称为钳接管）分别如图 3 - 1 - 6a、图 3 - 1 - 6b 所示。其步骤如下：

（1）根据多股铝芯导线规格选用合适的铝压接管。

（2）用钢丝刷清除铝芯表面和压接管内壁的铝氧化层，涂上中性凡士林。

（3）把两根铝芯导线的线端相对穿入压接管，并使线端穿出压接管 25~30 mm，如图 3 - 1 - 6c 所示。

（4）然后进行压接，如图 3 - 1 - 6d 所示。压接时，第一道坑应在铝芯线端一侧，不可压反，压接坑的距离和数量应符合技术要求。

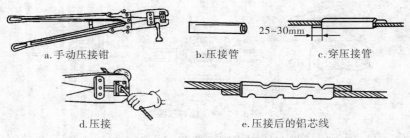

　　　a.手动压接钳　　　　　　b.压接管　　　　　　c.穿压接管

　　　d.压接　　　　　　　　e.压接后的铝芯线

图 3 - 1 - 6　手动压接钳和压接管及压接方式

（三）线头与接线桩的连接

在各种用电器或电气装置上，均有连接导线的接线桩。常用的接线桩有针孔式和螺钉平压式两种。

1. 线头与针孔式接线桩头的连接　在针孔式接线桩头上接线时，如果单股芯线接线桩插线孔大小合适，只要把芯线插入针孔，旋紧螺钉即可。如果单股芯线较细，则要把芯线折成双根插入针孔，如图 3 - 1 - 7a 所示。如果是多根细丝的软芯线，必须先绞紧，再插入针孔，切不可有细丝露在外面，以免发生短路事故。

2. 线头与螺钉平压式接线桩头的连接　线头与螺钉平压式接线桩头连接时，如果是较小截面的单股芯线，则必须把线头变羊眼圈，羊眼圈弯曲的方向应与螺钉拧紧的方向一致。较大截面单股芯线与螺钉平压式接线桩头在连接时，线头应装上接头（接线耳），由接线耳与接线桩连接。如图 3-1-7c 所示。

a.铜铝过渡接头

b.铝芯与接线耳压接

c.导线与接头连接

图 3-1-7　线头应装接线耳

三、导线绝缘层的恢复

导线绝缘层破损后必须恢复绝缘，导线连接后也必须恢复绝缘。恢复后的绝缘强度不应低于原来的绝缘层。通常用黄蜡带、涤纶薄膜带和黑胶布作为恢复绝缘层的材料，黄蜡带和黑胶布一般宽度为 20 mm，包扎也方便。

（一）绝缘带的包扎方法

将黄蜡带从导线左边完整的绝缘层上开始包扎，包扎两根带宽后方可进入无绝缘层的芯线部分，如图 3-1-8a 所示。包扎时，黄蜡带与导线保持约 45°的倾斜角，每圈压叠带宽的 1/2，如图 3-1-8b 所示。

包扎 1 层黄蜡带后，将黑胶布接在黄蜡带的尾端，按另一斜叠方向包扎 1 层黑胶布，每圈也压叠带宽的 1/2，如图 3-1-

8c、3－1－8d 所示。

图3－1－8 导线绝缘层的包扎方法

（二）操作提示

（1）在 380 V 线路上恢复导线绝缘时，必须包扎 1～2 层黄蜡带，然后再包 1 层黑胶布。

（2）在 220 V 线路上恢复导线绝缘时，先包扎 1～2 层黄蜡带，然后再包 1 层黑胶布，或者只包 2 层黑胶布。

（3）绝缘带在包扎时，各包层之间应紧密相接，不能稀疏，更不能露出芯线。

（4）存放绝缘带时，不可将其放在温度很高的地方，也不可使之被油类浸染。

第二节 登高技能

电工在登高作业时，要特别注意人身安全，而登高工具必须牢固可靠，方能保证登高作业的安全。未经过现场训练的，或患有精神病、严重高血压、心脏病或癫痫等疾病者，均不能参加登高作业。

一、梯子登高

（一）梯子种类

电工常用的梯子有单梯和人字梯，如图 3－2－1 所示。

单梯通常用于室外作业，常用的规格有 13 档、15 档、17

图 3 - 2 - 1　梯子

档、19 档、21 档和 25 档。人字梯通常用于室内登高作业。

（二）梯子登高的安全知识

（1）单梯在使用前应检查是否有虫蛀及折裂现象，梯脚应各绑扎胶皮之类的防滑材料。

（2）人字梯在使用前应检查绑扎在中间的两道自动滑开的安全绳。

（3）在单梯上作业时，为了保证不致用力过度而站立不稳，应按图 3 - 2 - 2 所示的姿势站立。在人字梯上作业时，切不可采取骑马的方式站立，以防人字梯两脚自动分开时，造成严重工作事故。

（4）单梯的放置倾斜角为 60° ~ 75°。

（5）安放的梯子应与带电部分保持安全距离，扶梯人应戴好安全帽，单梯不准放在箱子或桶类易活动的物体上使用。

图 3 - 2 - 2　单梯上的站立姿势

二、踏板登杆

踏板又叫作蹬板，用来攀登电杆。踏板由板、绳索和挂钩等组成。板是采用质地坚韧的木材制作，规格如图 3 - 2 - 3a 所示。绳索应采用 16 mm 的三股白棕绳，绳索两端结在踏板两头的扎结槽内，顶端装上挂钩。系结后绳长应保持与操作者一人一手等长，如图 3 - 2 - 3b 所示。踏板和白棕绳均应能承受 300 kg 的质量，每半年应进行一次载荷试验。

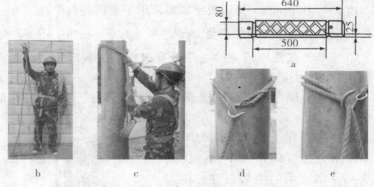

图 3 - 2 - 3　踏板的使用方法（单位：mm）

（一）踏板登杆的注意事项

（1）踏板使用前，要检查踏板有无开裂和腐朽，绳索有无断股（图 3 - 2 - 3c）。

（2）踏板挂钩时必须正钩，切勿反钩，以免造成脱钩事故，如图 3 - 2 - 3d、3 - 2 - 3e 所示。

（二）踏板登杆及下杆技能

1. 踏板登杆技能　踏板登杆操作要点如表 3 - 2 - 1 所示。

表3-2-1　踏板登杆操作步骤及要点

图　　示	操作步骤及要点
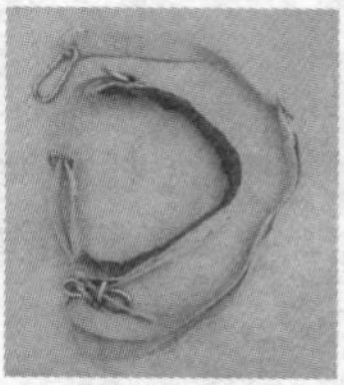	登杆前，应先将踏板挂好，用人体作冲击载荷试验，检查踏板是否合格可靠，对腰带也要用人体进行冲击载荷试验
	先把一只踏板挂钩在电杆上，高度以操作者能跨上为准，把另一踏板挂在肩上。右手握住挂钩端双根棕绳，并用大拇指顶住挂钩，左手握住左边贴近木板的单根棕绳，把右脚跨上踏板
	用力使人体上升，待人体重心转到右脚，左手即向上扶住电杆
	当人体上升到一定高度时，松开右手并向上扶住电杆，使人体立直，将左脚绕过左边单根棕绳而踏入木板内
	待人体站稳后，在电杆上方挂上另一只踏板，然后右手紧握上一只踏板的双根棕绳，并使大拇指顶住挂钩，左手握住左边贴近木板的单根棕绳，左脚从下踏板左边的单根棕绳内退出，踏在正面下踏板上。接着将右脚跨上上踏板，手脚同时用力，使人体上升

图　　示	操作步骤及要点
	当人体离开下面一只踏板时，需把下面一只踏板解下，此时左脚必须抵住电杆，以免人体摇晃不稳。以后重复上述各步骤进行攀登，直到所需高度

　　2. 踏板下杆技能　　踏板下杆技能如表 3 - 2 - 2 所示。

表 3 - 2 - 2　踏板下杆操作步骤及要点

图　　示	操作步骤及要点
	人体站稳在一只踏板上（左脚绕过左边绳踏入木板内），把另一只踏板钩挂在下方电杆上
	将左手握住上踏板的左端棕绳，同时左脚用力抵住电杆，以防踏板滑下和人体摇晃
	双手紧握上踏板的两端棕绳，左脚抵住电杆不动，人体逐渐下降，双手也随人体下降而下移紧握棕绳的位置，直至贴近两端木板

续表

图　示	操作步骤及要点
	此时人体向后仰开，同时右脚从上踏板退下，使人体不断下降，直至右脚踏到下踏板
	把左脚从下踏板两根棕绳内抽出，人体贴近电杆站稳，左脚下移并绕过左边棕绳踏到下踏板上。以后步骤重复进行，直至操作者着地为止
	着地后，松开挂钩，整理绳索

登杆和下杆训练的注意事项：初学人员必须在较低的电杆上训练，待熟练后，才可正式参加高杆上作业；学员登杆操作时，电杆下面必须放上海绵垫子等保护物，以免发生意外事故。

三、脚扣登杆

脚扣又叫作铁脚，也是攀登电杆的工具。脚扣分为木杆脚扣和水泥杆脚扣两种，木杆脚扣的扣环上有铁齿；水泥杆脚扣上裹有橡胶，以防打滑，其外形如图3－2－4a所示。

使用脚扣登杆时攀登速度较快，登杆方法容易掌握，但在杆

a   b   c

图3－2－4　使用脚扣登杆的方法

上作业时不如踏板登杆时那么灵活舒适，易疲劳，故适用于杆上短时作业。为了保证杆上作业人体的平稳，两只脚扣应按图3－2－4c所示方法定位。

1. 脚扣登杆的注意事项

（1）使用前必须仔细检查脚扣有无断裂、腐朽现象，脚扣皮带是否牢固可靠，脚扣皮带若损坏，不得用绳子或电线代替。

（2）一定要按电杆的规格大小选择合适的脚扣，水泥杆脚扣可用于木杆，但木杆脚扣不可用于水泥杆。

（3）雨天或冰雪天不宜用脚扣登水泥杆。

（4）在登杆前，应对脚扣进行人体载荷冲击试验。

（5）上、下杆的每一步都必须使脚扣环完全套入，并可靠地扣住电杆，才能移动身体，否则会造成事故。

2. 水泥杆脚扣登杆与下杆步骤

（1）登杆前对脚扣进行人体载荷冲击试验，试验时先登一步电杆，然后使整个人体质量以冲击的速度加在一只脚扣上，若无问题再换一只脚扣做冲击试验。当试验证明两只脚扣都完好时，才能进行登杆作业，如图3－2－4a所示。

（2）左脚向上跨扣，左手应向上扶住电杆，如图3－2－4b所示。

（3）接着右脚向上跨扣，右手应同时向上扶住电杆。以后步骤重复进行，直至登至所需高度。

（4）下杆时要手脚配合向下移动身体，动作与登杆时相反。

四、腰带、保险绳和腰绳的使用

腰带用来系挂保险绳，在使用时应系结在臀部上部，不应系在腰间。保险绳用来防止万一失足人体下落时坠地摔伤，一端要可靠地系结在腰带上，另一端用保险钩钩在横担或抱箍上，如图3-2-5所示。使用时将腰绳系在电杆横担或抱箍下方，防止腰绳窜出电杆顶端，造成工伤。

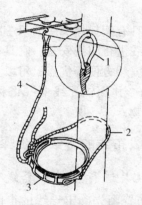

图3-2-5　腰带、保险绳及腰绳的使用方法
1. 保险绳扣　2. 腰绳　3. 腰带　4. 保险绳

第四章 室内线路的安装

第一节 塑料护套线布线

塑料护套线是一种有塑料保护层的双芯或多芯绝缘导线，工程上常采用塑料护套线进行明线安装。它具有防潮、耐酸和耐腐蚀，线路造价较低和安装方便等优点，可以直接敷设在空芯板墙壁及其他建筑物表面，并用铝片线卡（俗称钢精轧头）或塑料线卡作为导线的支持物。

一、塑料护套线布线的方法和步骤

（一）用钢精轧片进行塑料护套线布线

1. 定位　根据布置图先确定导线的走向和各个电器的安装位置，并做好记号。

2. 画线　根据确定的位置和线路的走向用弹线袋画线。方法如下：在需要走线的路径上，将线袋的线拉紧绷直，弹出线条，要做到横平竖直。垂直位置吊铅垂线，如图 4 - 1 - 1 所示。水平位置通过目测画线，如图 4 - 1 - 2 所示。

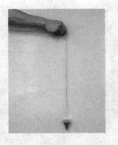

图 4 - 1 - 1　垂直位置吊铅垂线

图 4 - 1 - 2　水平位置画线

3. 固定钢精轧片　钢精轧片的形状如图 4 - 1 - 3 所示。钢精轧片的型号、间距选择的方法如下：

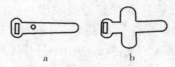

图 4 - 1 - 3　常用钢精轧片线卡

（1）根据每一线条上导线的数量选择合适型号的钢精轧片，钢精轧片由小到大的型号为 0 号、1 号、2 号、3 号、4 号等。在室内外照明线路中通常用 0 号和 1 号钢精轧片。根据护套线布线原则，即轧片与轧片之间的距离为 150 ~ 200 mm，弯角处轧片离弯角顶点的距离为 50 ~ 100 mm，离开关、灯座的距离为 50 mm，画出钢精轧片的位置。

（2）固定钢精轧片的方法：

1）在木制结构上，可用铁钉固定铝片线卡。将铁钉插入轧片中央的小孔处，用木锤将钢精轧片固定在所需的位置上，如图 4 - 1 - 4 所示。

2）在抹灰浆的墙上，每隔 4 ~ 5 挡，进入木台和转角处需用铁钉在木榫上固定钢精轧片，其余的可用铁钉直接将铝片线卡钉在灰浆上。

3）在砖墙和混凝土墙上可用木榫或环氧树脂黏结剂固定铝

片线卡。在铁钉无法钉入的墙面上，应凿眼安装木榫。木榫的削制方法：先按木榫需要的长度用锯锯出木坯，然后用左手按住木坯的顶部，右手拿电工刀削制，如图4-1-5所示。

图4-1-4　固定钢精轧片　　　　　图4-1-5　削制木榫

4）敷设导线：将护套线按需要放出一定的长度，用钢丝钳将其剪断，然后敷设。如果线路较长，可一人放线，另一人敷设，注意不可使导线产生扭曲，放出的导线不得在地上拉拽，以免损伤导线护套层。护套线的敷设必须横平竖直。敷设时用一只手拉紧导线，另一只手将导线固定在钢精轧片上，在弯角处应按最小弯曲半径来处理，这样可使布线更美观，如图4-1-6所示。

图4-1-6　敷设导线

对于截面较粗的护套线，为了敷设直，可在直线部分的两端各装一副瓷夹。敷线时，先把护套线的一端固定在瓷夹内，然后勒直，并在另一端收紧护套线后固定在另一副瓷夹中，最后把护套线依次夹入铝片线卡中。如图4-1-7所示。

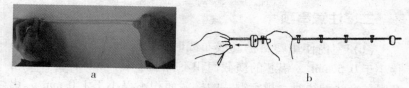

图4-1-7　护套线的收紧

5）钢精轧片的夹持：护套线均置于钢精轧片的定位孔后，将铝片线卡收紧夹持护套线。如图4-1-8所示。

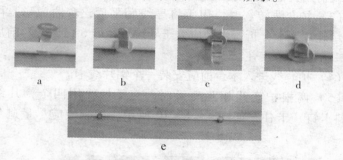

图4-1-8　钢精轧片的夹持

（二）利用塑料卡钉进行塑料护套线布线

利用塑料卡钉进行塑料护套线布线较为方便，现在使用较广泛。在定位及画线后进行敷设，其间距要求与钢精轧片塑料护套线布线的要求相同，具体操作步骤如图4-1-9所示。

a.卡钉　　　　b.固定卡钉　　　　c.收紧夹持护套线

图4-1-9　用塑料卡钉进行塑料护套线布线

二、注意事项

（1）室内使用塑料护套线布线时，规定铜芯的横截面积不得小于 0.5 mm²，铝芯的横截面积不得小于 1.5 mm²；室外使用塑料护套线配线时，规定铜芯的横截面积不得小于 1.0 mm²，铝芯的横截面积不得小于 2.5 mm²。

（2）护套线不可在线路上直接连接，可通过瓷头接头、接线盒或借用其他电器的接线桩来连接线头。

（3）护套线转弯时，用手将导线勒平后，弯曲成形，再嵌入钢精轧片线卡，折弯半径应大于导线直径的 6 倍，转弯前后应各用一个铝线卡夹住。

（4）护套线进入木台前应安装一个铝片线卡。

（5）两根护套线相互交叉时，交叉处要用四个铝片线卡（塑料卡钉）卡住，如图 4-1-10 所示。护套线应尽量避免交叉。

图 4-1-10　十字交叉

（6）护套线路的离地最小距离不得小于 0.5 m，需穿越楼板的和离地低于 0.15 m 的一般护套线，应加电线管保护。

第二节　槽板布线

塑料槽板（阻燃型）布线是把绝缘导线敷设在塑料槽板的线槽内，上面用盖板把导线盖住。这种布线方式适用于办公室、生活居室等干燥房屋内的照明，也适用于工程改造更换线路以及弱电线路吊顶内暗敷等场所使用。塑料槽板布线通常在墙体抹灰粉刷后进行。

线槽的种类很多，在不同的场合应合理选用，如一般室内照明等线路可选用 PVC 矩形截面的线槽；如果用于地面布线应采用带弧形截面的线槽；用于电气控制的一般采用带隔栅的线槽，如图 4 - 2 - 1 所示。为了反映隔栅，图片中将上盖去掉了。

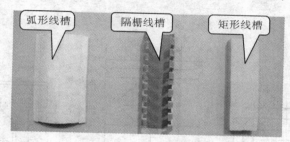

图 4 - 2 - 1 线槽的种类

一、塑料槽板布线的方法和步骤

1. 确定线槽规格 根据导线直径及各段线槽中导线的数量确定线槽的规格。线槽的规格是以矩形截面的长、宽来表示，弧形线槽一般以宽度表示。

2. 定位画线 为使线路安装得整齐、美观，塑料槽板应尽量沿房屋的线脚、横梁、墙角等处敷设，并与用电设备的进线口对正，与建筑物的线条平行或垂直。

选好线路敷设路径后，根据每节 PVC 槽板的长度，测定 PVC 槽板底槽固定点的位置（先测定每节塑料槽板两端的固定点，然后按间距 500 mm 以下均匀地测定中间固定点）。

3. 槽板固定 安装 PVC 槽板前，应首先将平直的槽板挑选出来，对剩下的弯曲槽板，应设法将其布置在不明显的地方。

各种线槽的敷设方法分别如图 4 - 2 - 2、图 4 - 2 - 3 所示。

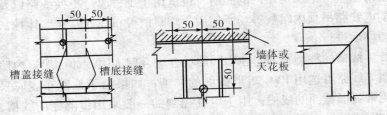

a.槽底和槽盖的对接做法　　b.顶三角接头槽底的做法　　c.槽盖平拐角的做法

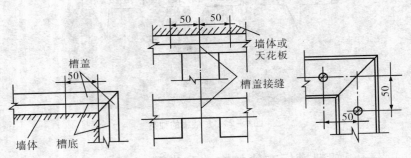

d.槽底和槽盖外拐角的做法　e.顶三角接头槽盖的做法　　f.槽底平拐弯的做法

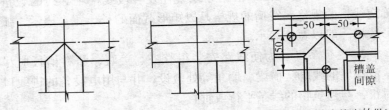

g.槽盖分支接头的做法之一　h.槽盖分支接头的做法之二　i.槽底分支接头的做法

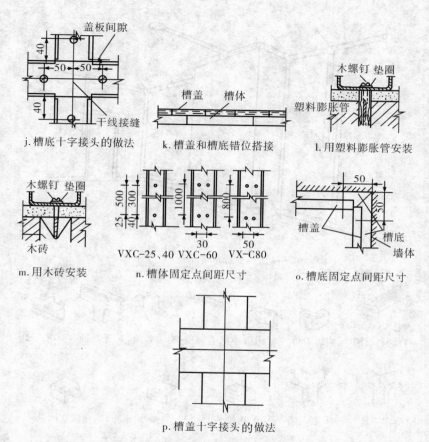

j. 槽底十字接头的做法

k. 槽盖和槽底错位搭接

l. 用塑料膨胀管安装

m. 用木砖安装

n. 槽体固定点间距尺寸

o. 槽底固定点间距尺寸

p. 槽盖十字接头的做法

图 4－2－2　VXC40－80 型塑料线槽敷设方法（单位：mm）

线槽的具体安装步骤如下：

（1）根据电源、开关盒、灯座的位置，量取各段线槽的长度，用锯分别截取。在线槽直角转弯处应采用 45° 拼接，如图 4－2－4 所示。

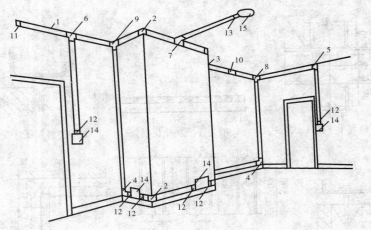

1. 塑料线槽　　2. 阳角　　3. 阴角　　4. 直转角　　5. 平转角　　6. 平三通　　7. 顶三通

8. 左三通　　9. 右三通　　10. 连接头　　11. 终端头　　12. 接线盒插口

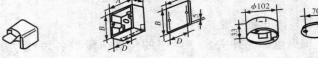

13. 灯头盒插口　　14. 接线盒、盖板　　15. 灯头盒、盖板

图 4 - 2 - 3　用 VXC - 25 型塑料线槽敷设照明示意（单位：mm）

（2）用手电钻在线槽内钻孔（钻孔直径为 4.2 mm 左右），

用于线槽的固定，如图 4 - 2 - 5 所示。
相邻固定孔之间的距离应根据线槽的宽
度确定，中间两钉孔之间的距离一般不
大于500 mm。线槽宽度超过 50 mm，固
定孔应在同一位置的上下分别钻孔。

（3）将钻好孔的线槽沿走线的路径
用自攻螺钉或木螺钉固定。如果是固定
在砖墙等墙面上，应在固定位置上画出
记号，如图 4 - 2 - 6 所示。

图 4 - 2 - 4　45°拼接

图 4 - 2 - 5　线槽内钻孔

图 4 - 2 - 6　做标记

（4）用冲击钻或电锤在相应位置上钻孔。钻孔直径一般在
8 mm，其深度应略大于尼龙膨胀杆或木榫的长度。

（5）埋好木榫，用木螺钉固定槽底。也可用塑料胀管来固
定槽底。

4. **导线敷设**　敷设导线应以一分路一条 PVC 槽板为原则。
PVC 槽板内不允许有导线接头，以减少隐患，如必须有接头时要
加装接线盒。导线敷设到灯具、开关、插座等接头处，要留出
100 mm 左右的线头，用作接线。在配电箱和集中控制的开关板
等处，按实际需要留足长度，并在线端做好统一标记，以便接线
时识别。

5. **固定盖板**　在敷设导线的同时，边敷线边将盖板固定在
底板上。如图 4 - 2 - 7 所示。

图 4 - 2 - 7　固定盖板

二、注意事项

（1）锯槽底和槽盖时，拐角方向要相同。

（2）固定槽底时要钻孔，以免线槽开裂。

（3）使用钢锯时，要小心锯片折断伤人。

（4）PVC 槽板在转角处连接时，应把两根槽板的端部各锯成 45°斜角。

第三节　线管布线

一、钢管布线

（一）钢管的选用

布线用的钢管有厚壁和薄壁两种，后者又叫作电线管。用于干燥环境时，也可选用薄壁钢管进行明敷和暗敷。用于潮湿、易燃、易爆的场所和地下埋设时，则必须选用厚壁钢管。

钢管不能有折扁、裂纹、砂眼，管内应无毛刺、铁屑，管内、管外不应有严重的锈蚀。为了便于穿线，应保证导线横截面积（含绝缘层）不超过线管内径横截面积的 40%。线管的选用通常由设计而定，也可参阅表 4 - 3 - 1 选用。

表4-3-1 单芯绝缘导线穿管的管径选用表

导线截面/mm²	水煤气钢管内径/mm				电线管内径/mm			
	穿管根数				穿管根数			
	2	3	4	5	2	3	4	5
1.5	15	15	15	20	20	20	20	25
2.5	15	15	20	20	20	20	20	25
4	15	20	20	20	20	20	25	25
6	20	20	20	20	20	25	25	32
10	20	25	25	32	25	32	32	48
16	25	32	32	32	32	32	40	40
25	32	32	40	40	32	40	—	—
35	32	40	50	50	40	40	—	—
50	40	50	50	70	—	—	—	—
70	50	50	70	70	—	—	—	—
95	50	50	70	70	—	—	—	—
120	70	70	80	80	—	—	—	—

(二) 钢管布线

1. 除锈和涂漆　敷设前，应将已选用钢管内外壁的灰渣、油污与锈块等清除。为了防止除锈后再次氧化，应迅速涂漆。常用的除锈去污方法有如下两种：

(1) 手工除锈：在铜丝刷两端各绑一根长度适当的铁丝，将铁丝和钢丝刷穿过钢管，来回拉动，如图4-3-1所示，即可去除钢管内部锈块。钢管外壁除锈很容易，可直接用钢丝刷或电动除锈机除锈。除锈后立即涂防锈漆。但在混凝土中埋设的管子外壁不能涂漆，否则影响钢管与混凝土之间的结构强度。如果钢管内壁有污垢或其他污物，也可在一根长度足够的铁丝上扎上适量的布条，在管子中来回拉动，即可擦掉，待管壁清洁后，再涂上防锈漆。

图 4 - 3 - 1　手工除锈法

（2）压缩空气吹除法：在管子的一端注入高压压缩空气，吹净管内污物。

2. **套螺纹**　为了使钢管与钢管之间或钢管与接线盒之间连接起来，就需在连接处套螺纹。给钢管套螺纹时，可用管子套丝绞板，如图 4 - 3 - 2 所示。常用的绞板规格有 ½ ～ 2 in 和 2½ ～ 4 in（1 in = 2.54 cm）两种。套螺纹时，应先将线管夹在管钳或台虎钳上，然后用套丝绞板绞出螺纹。操作时，用力要均匀，并加润滑油，以保证丝扣光滑。螺纹长度等于管箍长度的 1/2 加 1 ～2 牙的长度。第一次套丝完成后，松开板牙，再调整其距离，当比第一次小一点尺寸后再套一次。当第二次丝扣快要套完时，稍微松开板牙，边绞边松，使其形成锥形的扣。套丝完后，应用管箍试旋。选用板牙时必须注意管径是以内径还是以外径作标称尺寸的。

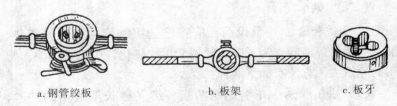

a.钢管绞板　　　　　　　b.板架　　　　　　　c.板牙

图 4 - 3 - 2　管子套丝绞板

3. **钢管的锯削**　敷设电线的钢管一般都用钢锯锯削。下锯时，锯要扶正，向前推动时要适度加压力，但不能用力过猛，以防折断锯条。钢锯回拉时，应稍微抬起，减小锯条磨损。管子快要锯断时，要放慢速度，使断口平整。锯断后用半圆锉锉掉管口内侧的棱角，以免穿线时割伤导线。

4. 弯管器

（1）弯管器种类：

1）管弯管器：管弯管器体积小，是弯管器中构造最简单的工具，其外形和使用方法如图4-3-3所示。管弯管器适用于直径50 mm以下的管子，更适用于现场电器施工或没有电源供电的场所的弯管操作。

图4-3-3 弯管器弯管

2）电动液压顶弯机：电动液压顶弯机由单向电动机、液压缸和弯管模具组成。适用于直径为15～100 mm的钢管弯制。弯管时只要选择合适的弯管模具装入机器中，穿入钢管，即可弯制。

（2）弯管方法：为了便于线管穿线，管子的弯曲角度一般不应小于90°。明管敷设时，管的弯曲半径$R \geqslant 4d$；暗管敷设时，管的曲率半径$R \geqslant 6d$，$\theta \geqslant 90°$，d为管子外径，如图4-3-4所示。

1）直径在50 mm以下的线管，可用弯管器进行弯曲，在弯曲时，要逐步移动弯管器棒，且一次弯曲的弧度不可过大，否则会弯裂或弯瘪线管。

2）凡管壁较薄而直径较大的线管，弯曲时，管内要灌沙，否则会将钢管弯瘪。如采用加热弯曲，要用干燥无水分的沙灌满管，并在管两端塞上木塞，如图4－3－5所示。

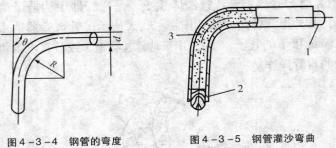

图4－3－4　钢管的弯度

图4－3－5　钢管灌沙弯曲
1、2. 木塞　3. 黄沙

3）对有缝管弯曲时，应将焊缝处放在弯曲的侧边，作为中间层，这样可使焊缝在弯曲时既不延长又不缩短，焊缝处就不容易裂开，如图4－3－6所示。

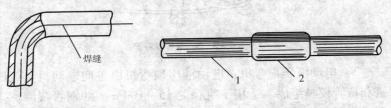

图4－3－6　有缝管的弯曲

图4－3－7　管箍连接钢管
1. 钢管　2. 管箍

5. 钢管的连接

（1）钢管与钢管的连接如图4－3－7所示，其间采用管箍连接。为了保证管接口的严密性，管子螺纹部分应顺螺纹方向缠上麻丝，并在麻丝上涂一层白漆，然后拧紧，并使两端面吻合。

（2）钢管与接线盒的连接如图4－3－8所示。钢管的端部与各种接线盒连接时，应在接线盒内外各用一个薄型螺母或锁紧螺母来夹紧线管。安装时，先在线管的管口拧入一个螺母，管口穿入接线盒后，在盒内再拧入一个螺母。然后用两把扳手，把两个螺母反向拧紧，如果需要密封，则在两螺母之间各垫入封口垫圈。

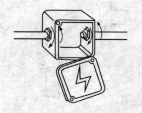 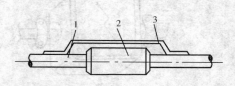

图 4 - 3 - 8 钢管与接线盒的连接　　**图 4 - 3 - 9 钢管连接处的跨接线**

1. 钢管 2. 管箍 3. 跨接线

6. 钢管的接地　钢管配线必须可靠接地。为此，在钢管与钢管、钢管与配线盒及配电箱连接处，用直径为 6 ~ 10 mm 的圆钢制成跨接线连接，如图 4 - 3 - 9 所示。

7. 钢管的敷设

（1）明管敷设的顺序和工艺：

1）明管敷设的一般顺序：按施工图确定的电气设备安装位置，划出管道走向中心交叉位置，并埋设支撑钢管的紧固件。按线路敷设要求对钢管进行下料、清洁、弯曲、套丝等加工。在紧固件上固定并连接钢管，将钢管、接线盒、灯具或其他设备连成一个整体，并使管中系统妥善接地。

2）明管敷设的基本工艺：明管敷设要求整洁美观、安全可靠。沿建筑物敷设要横平竖直，固定点直线距离应均匀，一般为 1.0 ~ 2.5 m。管卡距始端、终端、转角中点，以及与接线盒边沿的距离为 150 ~ 500 mm，管卡距跨越电气设备的距离亦为150 ~ 500 mm，如图 4 - 3 - 10 所示。

（2）明管敷设的形式：随着建筑物结构和形状的不同，钢管常用以下形式敷设：

1）明管进接线盒或沿墙转弯时，应在转弯处弯曲成"鸭脖子"，如图 4 - 3 - 11 所示。

2）明管沿墙建筑面凸面棱角拐弯时，可在拐弯处加装拐角

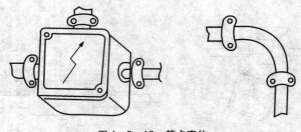

图 4 - 3 - 10　管卡定位

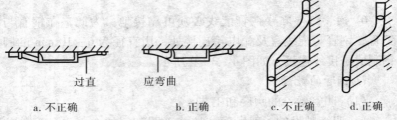

过直　　　　　应弯曲

a. 不正确　　　　　b. 正确　　　　　c. 不正确　　　　d. 正确

图 4 - 3 - 11　明管进接线盒及拐弯处的弯曲

盒，以便穿线接线，在建筑面拐角的做法如图 4 - 3 - 12 所示。

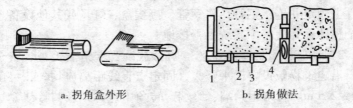

a. 拐角盒外形　　　　　　　　b. 拐角做法

图 4 - 3 - 12　明管在建筑中的拐角做法
1. 拐角盒　　2. 钢管　　3. 管箍　　4. 拐角盒

3）明管沿墙壁敷设时，可用管卡直接将线管固定在墙壁上，或用管卡固定在预埋的角钢支架上，如图 4 - 3 - 13 所示。

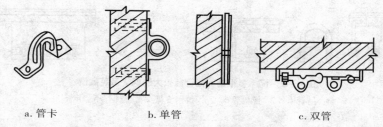

a. 管卡　　　　　　　b. 单管　　　　　　　c. 双管

图 4 - 3 - 13　明管沿墙壁敷设方法

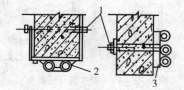

图 4 - 3 - 14　明管沿屋面梁敷设

1. 螺栓　2. 扁铁箍　3. 角钢支架

4）明管沿屋面梁敷设方法如图 4 - 3 - 14 所示。

5）明管沿屋架梁敷设方法如图 4 - 3 - 15 所示。

6）明管沿钢屋架梁敷设方法如图 4 - 3 - 16 所示。

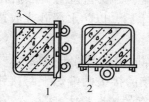

图 4 - 3 - 15　明管沿屋架梁敷设

1、2. 角钢支架　3. 抱箍

图 4 - 3 - 16　明管沿钢屋架梁敷设

1. 角钢支架抱箍　2. 管箍

3. 角钢支架

7）多根钢管或管径较大的钢管可吊装敷设，如图 4 - 3 - 17 所示。

8）在明管敷设中，根据建筑物的形状（如条件许可时），还可利用管卡槽和板管卡敷设钢管，如图 4 - 3 - 18 所示。

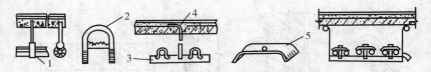

图 4 - 3 - 17　多根钢管或管径较大的钢管吊装敷设
1. 吊管卡　2. 螺栓管卡　3. 角钢支架　4. 圆钢　5. 卡板

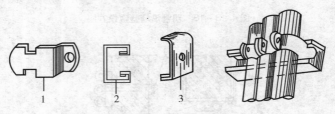

图 4 - 3 - 18　管卡槽与板管卡
1. 板管卡　2. 管卡槽　3. 夹板

（3）暗管敷设的一般顺序：

1）按施工图确定接线盒、灯头盒及线管在墙体、楼板或天花板中的位置，测出线路和管道的敷设长度。

2）对管道加工并确定好接线盒、灯头盒位置，然后在管口堵上木塞或废纸，在盒内填废纸或木屑，以防水泥砂浆或杂物进入。

3）将钢管或连接好的接线盒等固定在混凝土模板上。

4）在管与管、管与盒、管与箱的接头两端焊上跨接线，使该管路系统的金属壳体连成一个可靠的接地整体。

（4）暗管敷设的工艺：

1）在现浇混凝土楼板内敷设钢管，应在浇灌混凝土前进行。用石（砖）块在楼板上将钢管垫高 15 mm 以上，使钢管与混凝土模板保持一定距离，然后用铁丝将其固定在钢筋上，或用钉子将其固定在模板上，如图 4 - 3 - 19 所示。

2）在砖墙内敷设的钢管应在土建砌砖时预埋，边砌砖边预

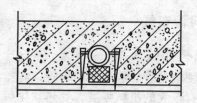

图 4-3-19 在混凝土楼板内固定暗管

埋，并用砖屑、水泥砂浆将管子塞紧。砌砖时若不预埋钢管，应在墙体上预留管槽或凿打管槽，并在钢管的固定点预埋木榫，在木榫上钉入钉子。敷设时将钢管用铁丝绑在钉子上，再将钉子进一步打入木榫，使管子与槽壁紧贴，最后用水泥砂浆覆盖槽口，恢复建筑物表面的平整。

3）在地下敷设钢管，应在浇灌混凝土前将钢管固定。其方法是先将木桩或圆钢打入地下泥土中，用铁丝将钢管绑在这些支撑物上，下面用石块或砖块垫高，距离土面高 15～20 mm，再浇灌混凝土，使钢管位于混凝土内部，以避免潮气的腐蚀。

4）在楼板内敷设钢管，由于楼板厚度的限制，对钢管外径的选择有一定要求：楼板厚 80 mm 时，钢管外径应小于 40 mm；楼板厚 120 mm 时，钢管外径不得超过 50 mm。应注意的是，浇混凝土前，在灯头盒或接线盒的设计位置预埋木块，待混凝土固化后再取出木块，装入接线盒或灯头盒。在楼板内暗敷钢管的步骤如图 4-3-20 所示。

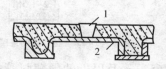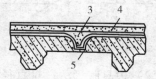

图 4-3-20 在楼板内暗敷钢管

1. 木块 2. 模板 3. 水泥砂浆 4. 焦渣垫层 5. 接线盒

二、硬塑料管布线

（一）硬塑料管的选用

敷设电线的硬塑料管应选用热塑料管，此类塑料管的优点是在常温下坚硬，有较大的机械强度，受热软化后又便于加工。对管壁厚度的要求是：明敷设时不得小于 2 mm，暗敷设时不得小于 3 mm。

（二）硬塑料管的连接

1. 加热连接法

（1）直接加热连接法：对直径为 50 mm 及以下的塑料管可用直接加热连接法。连接前先将管口倒角，即将连接处的外管倒内角，内管倒外角，如图 4－3－21 所示。然后将内、外管各自插接部位的接触面用汽油、苯或二氯乙烯等溶剂洗净，待溶剂挥发完后用喷灯、电炉或其他热源对插接段加热，加热长度为管径的 1.1～1.5 倍。也可将插接段浸在 130 ℃ 的热甘油或石蜡中加热至软化状态，将内管涂上黏合剂，趁热插入外管并调到两管轴心一致时，迅速用湿布包缠，使其尽快冷却硬化，如图 4－3－22 所示。

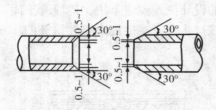

图 4－3－21　塑料管口倒角（单位：mm）

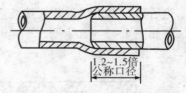

图 4－3－22　塑料管的直接插入

（2）模具胀管法：对直径为 65 mm 及以上的硬塑料管的连接，可用模具胀管法。先仍按照直接加热连接法对接头部分进行倒角、清除油垢并加热，等塑料管软化后，将已加热的金属模具趁热插入外管接头部，如图 4－3－23a 所示。然后用冷水将其冷却到50 ℃左右，脱出模具，在接触面涂上黏合剂，再次加热，待塑料管软化后进行插接，到位后用水冷却，使外管收缩，箍紧内管，完成连接。

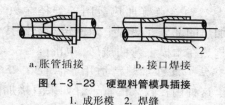

a. 胀管插接　　　　b. 接口焊接

图4-3-23　硬塑料管模具插接

1. 成形模　2. 焊缝

硬塑料管在完成上述插接工序后，如果条件具备，可用相应的塑料焊条在接口处的圆周上焊接一圈，使接头成为一个整体，则机械强度和防潮性能更好。焊接完工的塑料管接头如图4-3-23b 所示。

2. 套管连接法　两根硬塑料管的连接，可在接头部分加套管完成。套管的长度为它自身内径的2.5～3倍，其中管径在50 mm以下者取较大值；在50 mm 以上者取较小值，管内径的大小以待插接的硬塑料管在套管加热状态下刚能插进为宜。插接前，仍需要先将管口在套管中部对齐，并处于同一轴线上，如图4-3-24 所示。

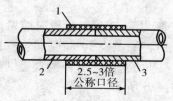

2.5~3倍
公称口径

图4-3-24　套管连接法

1. 套管　2、3. 接管

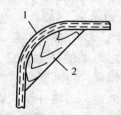

图4-3-25　塑料管弯曲成形

1. 弯管　2. 木模

（三）弯管

塑料管的弯曲通常用加热弯曲法。加热时要掌握好火候，首先要使管子软化，又不得烧伤、烤变色或使管壁出现凸凹状。弯曲半径可做如下选择：明敷设时不能小于管径的 6 倍，暗敷设时不得小于管径的 10 倍。对塑料管的加热弯曲有直接加热和灌沙加热两种方法。

1. **直接加热弯曲**　直接加热适用于管径在 20 mm 及以下的塑料管。将待加热的部分在热源上匀速转动，使其受热均匀，待管子软化时，趁热在木模上弯曲成形，如图 4 - 3 - 25 所示。

2. **灌沙加热法**　灌沙加热法适用于管径在 25 mm 及以上的硬塑料管。对于这种内径较大的管子，如果直接加热，很容易使其弯曲部分变瘪。为此，应先在管内灌入干燥沙粒并捣紧，封住两端管口，再加热软化，在模具上弯曲成形。

（四）硬塑料管的敷设

硬塑料管的敷设与钢管在建筑物上（内）的敷设基本相同，但要注意下面几个问题：

（1）硬塑料管在明敷设时，固定管子的管卡应距管子始端、终端、转角中点、接线盒或电气设备边缘 150～500 mm；中间直线部分间距均匀，一般为 1.0～2.0 m。

（2）明敷设的硬塑料管，在其易受机械损伤的部位应加钢管保护，如埋地敷设和进入设备时，应将其伸出地面的 200 mm、伸入地下的 50 mm 用钢管保护。硬塑料管与热力管的间距也不应小于 50 mm。

（3）硬塑料管热胀系数比钢管大 5～7 倍，敷设时应考虑加装热胀冷缩的补偿装置。在施工中，每敷设 30 m 应加装一只塑料补偿盒。将两塑料管的端头伸入补偿盒内，由补偿盒提供热胀冷缩余地。塑料补偿盒如图 4 - 3 - 26 所示。

（4）与塑料管配套的接线盒、灯头不能用金属制品，只能用塑料制品。而且塑料管与线盒、灯头盒之间的固定一般也不应用锁紧螺母和管螺母，多用胀扎管头绑扎，如图 4 - 3 - 27 所示。

（五）穿线

管路敷设完毕，应将导线穿入线管中，穿线通常按以下三个

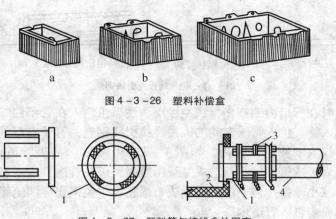

图4-3-26 塑料补偿盒

图4-3-27 塑料管与接线盒的固定
1. 胀扎管头 2. 塑料接线盒 3. 用铁丝绑线 4. 聚氯乙烯管

步骤进行：

1. 穿线准备 必须在穿线前再一次检查管口是否倒角，是否有毛刺，以免穿线时割伤导线。然后向管内穿直径1.2～1.6 mm的引线钢丝，用它将导线拉入管内。如果管径较大，转弯较小，可将引线钢丝从管口一端直接穿入，为了避免壁上凸凹部分挂住钢丝，要求将钢丝头部做成如图4-3-28a所示的弯钩。如果管道较长、转弯较多或管径较小，一根钢丝无法直接穿过时，可用两根钢丝分别从两端管口穿入。但应将引线钢丝端头弯成钩状，如图4-3-28b所示，使两根钢丝穿入管子并能互相钩住，如图4-3-28c所示。然后将要留在管内的钢丝一端拉出管口，使管内保留一根完整的钢丝；两头伸出管外，并绕成一个大圈，使其不得缩入管内，以备穿线之用。

2. 扎线接头 管子内需要穿入多少根导线，应按管子的长度（加上线头及容量）放出多少根，然后将这些线头剥去绝缘层，扭绞后按图4-3-29所示的方法，将其紧扎在引线头部。

3. 穿线 穿线前，应在管口套上橡皮或塑料护圈，以避免

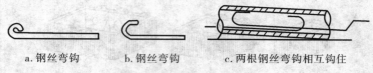

a.钢丝弯钩　　　b.钢丝弯钩　　c.两根钢丝弯钩相互钩住

图 4 - 3 - 28　线管穿引线钢丝

穿线时在管口内侧割伤导线绝缘层。然后由两人在管子两端配合穿线入管，位于管子左端的人慢慢拉引线钢丝，管子右端的人慢慢将线束顺便送入管内，如图 4 - 3 - 30 所示。如果管道较长、转弯太多或管径较小而造成穿线困难时，可在管内加入适量滑石粉以减小摩擦。但不能用油脂或石墨粉，以免损伤导线绝缘或将导电粉尘带入管道内。

图 4 - 3 - 29　引线钢丝与丝头绑扎　　　图 4 - 3 - 30　导线穿管

穿线时应尽可能将同一回路的导线穿入同一管内，不同回路或不同电压的导线不得穿入同一根线管内。所穿导线绝缘耐压值不得低于 500 V，铜芯线的最小截面积不得小于 1 mm^2，铝芯线不小于 2.5 mm^2，每根线管内穿线最多不超过 10 根。

第四节　瓷瓶布线

瓷瓶适用于负荷较大而又比较潮湿的场合，又称为绝缘子。瓷瓶一般有鼓形瓷瓶（又称为瓷柱）、碟形瓷瓶（又称为茶台式瓷瓶）、针式瓷瓶（又称为伞形瓷瓶）和悬式瓷瓶（又称为盒子瓷瓶）等。各类瓷瓶的外形如图 4 - 4 - 1 所示。

瓷瓶布线是利用瓷瓶支持导线的一种布线方式。导线较细的，一般采用鼓形瓷瓶布线；导线较粗的，一般采用其他几种瓷瓶布线。

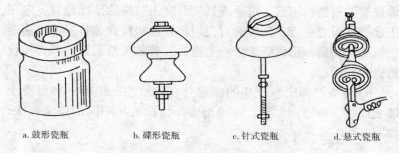

a.鼓形瓷瓶   b.碟形瓷瓶   c.针式瓷瓶   d.悬式瓷瓶

图 4 – 4 – 1　瓷瓶的种类

一、瓷瓶布线的方法和步骤

1. **定位**　定位工作应在土建抹灰前进行。首先按施工图确定电气设备的安装地点，然后再确定导线的敷设位置及穿过墙壁和楼板的位置，以及起始、转角和终端瓷瓶的固定位置，最后再确定中间瓷瓶的安装位置。

2. **画线**　画线可采用粉线袋或边缘刻有尺寸的木板条。画线时，尽可能沿房屋线脚、墙角等处敷设，用铅笔或粉袋画出安装线路，并在每个电气设备固定点中心处画一个"×"号。如果室内已粉刷，画线时，注意不要弄脏室内墙体表面。

3. **凿眼**　按画线定位进行凿眼。在砖墙上凿眼，可采用小扁凿或电钻；在混凝土结构上凿眼，可用麻线凿或冲击钻；在墙上凿穿通孔，可用长凿，在快要打通时要减小锤击力，以免将墙壁的另一方打掉大块的砖。

4. **安装木榫或埋设缠有铁丝的大螺钉**　所有的孔眼凿好后，可在孔眼中安装木榫或埋设缠有铁丝的木螺钉。埋设缠有铁丝的木螺钉时，先在孔眼内洒水淋湿，然后将缠有铁丝的木螺钉用水泥灰浆嵌入凿好的孔中，当灰浆干燥至相当硬度后，旋出木螺钉，待以后安装瓷瓶等元件。

5. **埋设穿墙瓷管或过楼板钢管**　最好在土建砌墙时预埋穿

墙瓷管或过楼板钢管。过梁或其他混凝土结构的预埋瓷管，应在土建铺模板时进行，预埋时可先用竹管或塑料管代替，待土建拆去模板刮糙后，将竹管拿去换上瓷管，若采用塑料管，可直接代替瓷管使用。

6. 瓷瓶的固定　瓷瓶的固定分在木结构、砖墙上和混凝土墙上固定三种不同类型，可根据实际情况选用不同的固定方法，如图4-4-2所示。

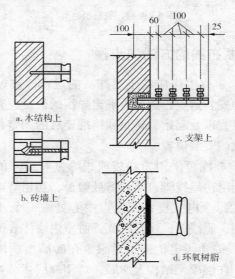

图4-4-2　瓷瓶的固定（单位：mm）

（1）在木结构上只能固定鼓形瓷瓶，可用木螺钉直接拧入。

（2）在砖墙上，可利用预埋的木榫和木螺钉来固定鼓形瓷瓶，或用预埋的支架和螺钉来固定鼓形瓷瓶、碟形瓷瓶和针式瓷瓶等。

（3）在混凝土墙上，也可用缠有铁丝的木螺钉和膨胀螺栓来固定鼓形瓷瓶，或用预埋的支架和螺栓来固定鼓形瓷瓶、碟形瓷瓶或针式瓷瓶，也可用环氧树脂黏结剂来固定瓷瓶。

7. 敷设导线及导线的绑扎　在瓷瓶上敷设导线，也应从一端开始，只将一端的导线绑扎在瓷瓶的颈部，如果导线弯曲，应事先校直，然后将导线的另一端收紧绑扎固定，最后把中间导线也绑扎固定。导线在瓷瓶上绑扎固定的操作要点如下：

（1）终端导线的绑扎：终端导线的绑扎如图4-4-3所示。导线的终端可用回头线绑扎，绑扎线宜用绝缘线，绑扎线径和绑扎圈数如表4-4-1所示。

表4-4-1　绑扎线的线径和绑扎圈数

导线横截面积/mm^2	绑线直径/mm			绑线圈数	
	纱包铁芯线	铜芯线	铝芯线	公圈数	单圈数
1.5~10	0.8	1.0	2.0	10	5
10~35	0.89	1.4	2.0	12	5
50~70	1.2	2.0	2.6	16	5
95~120	2.4	2.6	3.0	20	5

图4-4-3　终端导线的绑扎

（2）直线导线的绑扎：鼓形瓷瓶和碟形瓷瓶的直线段导线一般采用单绑法或双绑法两种，横截面积在6 mm^{2}及以下的导线可采用单绑法，横截面积为10 mm^{2}及以上的导线须采用双绑法。其绑扎方法分别如图4-4-4和图4-4-5所示。

二、注意事项

瓷瓶布线的注意事项如表4-4-2所示。

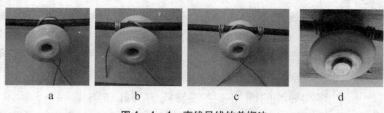

图 4 - 4 - 4　直线导线的单绑法

图 4 - 4 - 5　直线导线的双绑法

表 4 - 4 - 2　瓷瓶布线的注意事项

项目	图示	操作步骤及说明
瓷瓶布线注意事项	1. 绝缘子　2. 导线	在建筑物的侧面或斜面布线时，必须将导线绑扎在瓷瓶的上方
		导线在同一平面内，如有曲折，瓷瓶必须装设在导线曲折角的内侧
		导线在不同的平面上弯折时，在凸角的两面上应装设两个瓷瓶

续表

项目	图　示	操作步骤及说明
瓷瓶布线注意事项	 1. 导线　2. 绝缘子 3. 接头包胶布　4. 绝缘套管	导线分支时，必须在分支点处设置瓷瓶，用以支持导线。导线互相交叉时，应在距建筑物近的导线上套瓷管保护
其他注意事项		平行的两根导线，应放在两瓷瓶的同一侧或在两瓷瓶的外侧，不能放在两瓷瓶的内侧 　　瓷瓶沿墙壁垂直排列敷设时，导线弧度不得大于 5 mm，沿层架或水平支架敷设时，导线弧度不得大于 10 mm

第五节　照明装置的安装与检修

　　电气照明在工农业生产和日常生活中占有重要地位，照明装置由电光源、灯具、开关和控制电路等部分组成。

　　用于照明的电光源，按其发光原理，分为热辐射光源和气体放电光源两大类。热辐射光源是利用物体受热温度升高时辐射发光的原理制造的光源，如白炽灯、卤钨灯（碘钨灯和溴碘钨灯）等。气体放电光源是利用气体放电时发光的原理制造的光源，如荧光灯、高压汞灯、高压钠灯、金属卤化物灯和氙灯等。常用的照明灯具主要是白炽灯和荧光灯两大类。白炽灯根据国家规定将逐渐退出市场，故不再介绍。

一、照明灯具安装的一般要求

　　照明灯具按其布线方式、厂房结构、环境条件及对照明的要求不同而有吸顶式、壁式、嵌入式和悬吊式等几种方式，无论采用何种方式，都必须遵守以下各项基本原则：

（1）灯具安装的高度，室外一般不低于 3 m，室内一般不低于 2.5 m，如遇特殊情况不能满足要求时，可采取相应的保护措施或改用安全电压供电。

（2）灯具安装应牢固，灯具重量超过 1 kg 时，必须固定在预埋的吊钩上。

（3）灯具固定时，不应该因灯具自重而使导线受力。

（4）灯架及管内不允许有接头。

（5）导线的分支及连接处应便于检查。

（6）导线在引入灯具处应有绝缘物保护，以免磨损导线的绝缘，也不应使其受到应力。

（7）必须接地或接零的灯具外壳上应有专门的接地螺栓和标记，并和地线（零线）妥为连接。

（8）室内照明开关一般安装在门边便于操作的位置，拉线开关一般应离地 2~3 m，暗装翘板开关一般离地 1.3 m，与门框的距离一般为 150~200 mm。

（9）明装插座的安装高度一般应离地 1.4 m。暗装插座一般应离地 300 mm，同一场所暗装的插座高度应一致，其高度相差一般应不大于 5 mm；多个插座成排安装时，其高度差应不大于 2 mm。

二、荧光灯照明装置的安装与检修

（一）荧光灯的结构和原理

荧光灯又称为日光灯，是应用较为普遍的一种照明灯具。荧光灯照明线路的结构主要由灯管、启辉器、镇流器、灯架、灯座（灯脚）等组成。荧光灯的发光效率比白炽灯高得多，使用寿命也比白炽灯长得多。荧光灯的结构如图 4-5-1 所示。

（1）灯管由玻璃管、灯丝和灯丝引出脚等组成，玻璃管内

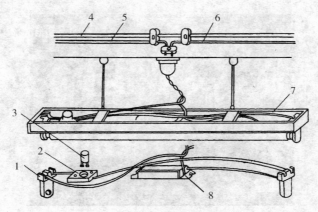

图 4 - 5 - 1　荧光灯的结构

1. 灯座　2. 启辉器座　3. 启辉器　4. 相线　5. 中性线
6. 与开关连接线　7. 灯架　8. 镇流器

抽成真空后充入少量汞（水银）和氩等惰性气体，管壁涂有荧光粉，在灯丝上涂有电子粉。灯管常用的有 6 W、8 W、12 W、20 W、30 W 和 40 W 等规格。

（2）启辉器由氖泡（也叫跳泡）、纸介质电容、出线脚和外壳等组成，如图 4 - 5 - 2 所示。氖泡内装有∩形动触片和静触片。启辉器的规格有 4 ~ 8 W、15 ~ 20 W、30 ~ 40 W，以及通用型 4 ~ 40 W 等。并联在氖泡上的电容有两个作用，一是与镇流器线圈形成 LC 振荡电路，能延长灯丝的预热时间和维持感应电势，二是能吸收干扰收音机和电视机的交流杂声，当电容被击穿并剪除后，启辉器仍能使用。

（3）镇流器主要由铁芯和线圈等组成。镇流器有两个作用，一是在灯丝预热时，限制灯丝所需的预热电流值，防止预热过高而烧断，并保证灯丝电子的发射能力；二是在灯管启辉后，维持灯管的工作电压并限制灯管工作电流在额定值内，以保证灯管能稳定工作。近年来，电子式镇流器逐步使用，外形如图 4 - 5 - 3 所示，接线如图 4 - 5 - 4 所示。

图 4 – 5 – 2　启辉器

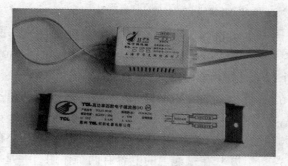

图 4 – 5 – 3　电子式镇流器

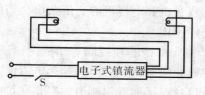

图 4 – 5 – 4　电子式镇流器接线

（4）灯架有木制和铁制两种，规格应配合灯管长度使用。

（5）灯座（灯脚）有开启式和弹簧式（也叫作插入式）两

种。灯座规格有大型和小型两种，大型的适用于 15 W 以上灯管，小型的适用于 6 W、8 W 和 12 W 灯管。如图 4 - 5 - 5 所示。

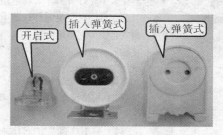

图 4 - 5 - 5 灯座

（6）荧光灯的工作原理。荧光灯的电路如图 4 - 5 - 6 所示。

荧光灯属于气体放电光源。它是利用汞蒸气在外加电压作用下产生弧光放电，发出少许可见光和大量紫外线，紫外线又激励管内壁涂覆的荧光粉，使之再发出大量的可见光。

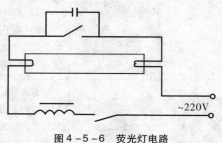

图 4 - 5 - 6 荧光灯电路

当两管脚有电压时，氖管发光，双金属片短时受热而弯曲，闭合触点，使荧光管的钨丝电极加热；触点闭合时氖灯熄灭，双金属片经过短时冷却，触点断开，在这瞬间，镇流器将产生高电压脉冲使荧光灯灯管点燃。荧光灯点燃后启辉器立即停止工作。镇流器与荧光灯串联，在荧光灯点燃后可限制流过灯管的电流。

（二）荧光灯照明线路的安装步骤和方法

下面以模拟形式进行荧光灯线路的安装操作，如表 4 - 5 - 1 所示。

表 4-5-1　荧光灯线路的安装操作

	安装荧光灯灯脚。灯脚是用于固定荧光灯灯管的，目前整套荧光灯灯架中的灯脚都采用开启式，因为它固定方便，不须使用任何工具直接插入槽内即可，接线采用焊接
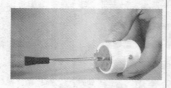	灯脚的安装步骤如下： （1）根据荧光灯灯管的长度画出两灯脚的固定位置 （2）旋下灯脚支架与灯脚间的紧固螺钉，使其分离 （3）用木螺钉分别固定两灯脚支架
	（1）按灯管 2/3 的长度截取四根导线 （2）旋下灯脚接线端上的螺钉，将导线线端的绝缘层去除，绞紧线芯，沿螺钉边缘打圈 （3）将螺钉旋入灯脚的接线端
	注意两灯脚其中一个内有弹簧，接线时应先旋松灯脚上方的螺钉，使灯脚与外壳分离，接线完毕后恢复原状，导线应穿在弹簧内；恢复灯脚支架与灯脚的连接：将灯脚引线沿灯脚下端缺口引出，旋紧灯脚支架与灯脚的紧固螺钉
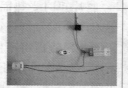	安装荧光灯镇流器并完成荧光灯内部线路的连接。根据荧光灯原理图，将一端灯脚中的一根引线接入镇流器的接线端，另一接线端与电源接线相连
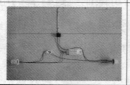	根据荧光灯原理图，分别从两个灯脚中取出一根导线与启辉器连接

续表

	用木螺钉沿启辉器座的固定孔旋入，将其固定
	安装启辉器：将启辉器插入启辉器座内，顺时针方向旋转约60°

最后，安装荧光灯灯管。先将灯管引脚插入有弹簧一端的灯脚内并推入，然后将另一端的灯管引脚对准灯脚，利用弹簧力的作用使其插入灯脚内。根据荧光灯原理图将电源线接入荧光灯线路中，通电检验

（三）荧光灯灯具的安装

荧光灯线路一般安装在灯具内。荧光灯灯具的安装形式应根据荧光灯灯具的用途来选择，一般有吊装式、吸顶式和嵌入式三种形式，如表4-5-2所示。

表4-5-2　荧光灯灯具的安装

	吊装式荧光灯灯具的安装。根据荧光灯灯架吊装钩的宽度，在安装位置处安装吊钩，在荧光灯灯架上放出一定长度的吊线或吊杆（注意灯具离地高度不应低于2.5 m），将吊线或吊杆与灯具连接即可
	将吸顶式荧光灯灯具中的灯架与灯罩分离，在安装灯具位置处将灯架吸顶，在灯架固定孔内画出记号，经钻孔、预设木榫后，用螺钉将灯架吸顶固定，接上电源后固定上灯罩
	嵌入式荧光灯灯具应安装在吊顶装饰的房屋内。吊顶时应根据嵌入式荧光灯灯具的安装尺寸预留出嵌入位置，待吊顶基本完工后将灯具嵌入并固定

（四）荧光灯线路常见故障及其维修

荧光灯线路常见故障及其检修方法如表4-5-3所示。

表4-5-3　荧光灯照明电路的常见故障及其检修方法

故障现象	产生原因	检修方法
荧光灯不能发光	灯座或启辉器底座接触不良	转动灯管，使灯管四极和灯座接触，转动启辉器使启辉器两极与底座两铜片接触，找出原因并修复
	灯管漏气或灯丝断开	用万用表检查或观察荧光粉是否变色，如确认灯管已坏，可换新灯管
	镇流器线圈断路	修理或调换镇流器
	电源电压过低	不必修理
	新装荧光灯接线错误	检查线路
荧光灯光线抖动或两头发光	接线错误或灯座灯脚松动	检查线路或修理灯座
	启辉器氖泡内动，静触片不能分开或电容被击穿	将启辉器取下，用两把旋具的金属头分别触及启辉器底座的两块铜片，然后将两根金属杆相碰并立即分开，如灯管能跳亮，则启辉器损坏，应更换启辉器
	镇流器配用规格不合格或接头松动	调换镇流器或加固接头
	灯管陈旧，灯丝上的电子发射将尽，放电作用降低	调换灯管
	电源电压过低或线路电压降过大	如有条件，升高电压或加粗导线
	气温过低	用热毛巾对灯管加热

续表

故障现象	产生原因	检修方法
灯管两端发黑或生黑斑	灯管陈旧，寿命将终	调换灯管
	如果灯管是新的，可能因启辉器损坏，使灯丝发射物质加速挥发	调换启辉器
	灯管内汞蒸气凝结	灯管工作后即能蒸发或将灯管旋转180°
	电源电压太高或镇流器配用不当	调整电源电压或调换镇流器
灯光闪烁或灯光在管内滚动	新灯管暂时现象	开用几次或对调灯管两端
	灯管质量不好	换一根灯管，试一试有无闪烁
	镇流器配用规格不符或接线松动	调换镇流器或加固接线
	启辉器损坏或接触不好	调换启辉器或固紧启辉器
灯管光度减低或异常	灯管陈旧	调换灯管
	灯管上积垢太多	清除灯管积垢
	电源电压太低或线路电压降得太大	调整电压或加粗导线
	气温过低或有冷风直吹灯管	加防护罩或避开冷风
灯管寿命短或发光后立即熄灭	镇流器配用规格不当，或质量较差、镇流器内部线圈短路，致使灯管电压过高	调换或修理镇流器
	受到剧烈振动，使灯丝振断	调换安装位置或更换灯管
	新装灯管因接线错误而将灯管烧坏	检修线路

故障现象	产生原因	检修方法
镇流器有杂音或电磁声	镇流器质量较差或其铁芯的硅钢片未夹紧	调换镇流器
	镇流器过载或其内部短路	调换镇流器
	镇流器受热过度	检查受热原因
	电源电压过高引起镇流器发出声音	如有条件设法降压
	启辉器不好，引起开启时辉光杂音	调换启辉器
	镇流器有微弱声，但影响不大	可用橡胶垫衬垫之，以减少振动

第六节　量、配电装置的安装

量电装置通常由进户总熔丝盒、电能表和电流互感器等部分组成，配电装置一般由控制开关、过载及短路保护电器等组成，容量较大的还装有隔离开关。

一般将总熔丝盒装在进户管的墙上，而将电流互感器、电能表、控制开关、短路和过载保护电器均安装在同一块配电板上，如图4-6-1所示。

量、配电装置中的各电器安装方法及步骤如下：

一、总熔丝盒的安装

总熔断器盒的作用是防止下级电力线路的故障蔓延到前级配电干线上而造成更大区域的停电。安装时应注意：

（1）总熔丝盒应安装在进户管的户内侧，安装方法如图4-6-2所示。

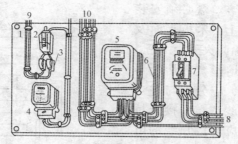

a. 小容量配电板

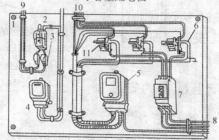

b. 大容量配电板

c. 电气箱外形

图 4-6-1　配电板的安装

1. 照明部分　　2. 总开关　　3. 用户熔断器　　4. 单相电能表

5. 三相电能表　　6. 动力部分　　7. 动力总开关　　8. 接分路开关

9. 接用户　　10. 接总熔丝盒　　11. 电流互感器

（2）总熔丝盒必须安装在实心木板上，木板表面及四边沿必须涂防火漆。

（3）总熔丝盒内熔断器的上接线桩，应分别与进户线的电源相线连接，接线桥的上接线桩应与进户线的电源中性线连接。

（4）如安装多个电能表，则在每个电能表的前面应分别安装总熔丝盒。

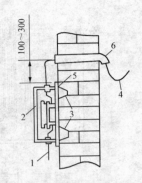

图4-6-2　总熔丝盒的安装（单位：mm）

1. 电能表总线　2. 总熔丝盒

3. 木楔　4. 进户线

5. 实心木板　6. 进户管

二、电流互感器的安装

（1）电流互感器次级（即二次回路）标有"K_1"或"+"的接线桩要与电能表电流线圈的进线桩连接，标有"K_2"或"-"的接线桩要与电能表电流线圈的出线桩连接，不可接反；电流互感器的初级（即一次回路）标有"L_1"或"+"的接线桩应接电源进线，标有"L_2"或"-"的接线桩应接出线。如图4-6-3所示。

（2）电流互感器次级的"K_2"或"-"接线桩的外壳和铁芯都必须可靠接地。电流互感器的接线方式如图4-6-4所示。

三、电能表的安装

电能表有单相电能表和三相电能表两种，它们的接线方法各不相同。

1. 单相电能表的接线　单相电能表共有四个接线桩头，从左到右按1、2、3、4编号。接线时一般是号码1、3接电源进线，2、4接出线。电子式单相电能表和感应式单相电能表如图4-6-5所示。

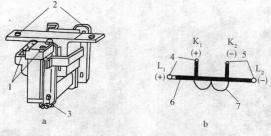

图 4 - 6 - 3 电流互感器
1. 二次回路接线桩 2. 一次回路接线桩 3. 接地接线桩
4. 进线桩 5. 出线桩 6. 一次绕组 7. 二次绕组

图 4 - 6 - 4 电流互感器接线方式

　　也有些单相电能表的接线是号码 1、2 接电源进线，3、4 接出线，所以具体的接线方法应参照电能表接线桩盖子上的接线图。单相电能表的配电板安装如图 4 - 6 - 6 所示。

　　2. 三相电能表的接线 三相电能表有三相三线制和三相四线制两种；按接线方法可划分为直接式三相电能表和间接式三相电能表两种。常用的直接式三相电能表的规格有 10 A、20 A、30 A、50 A、75 A 和 100 A 等多种，一般用于电流较小的电路上。间接式三相电能表常用的规格是 5 A 的，与电流互感器连接后，用于电流较大的电路上。

a. 电子式单相电能表　　　b. 感应式单相电能表

图 4 - 6 - 5　单相电能表

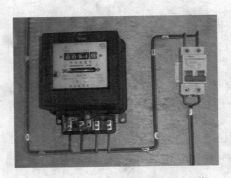

图 4 - 6 - 6　单相电能表的配电板安装

（1）直接式三相四线制电能表的接线：这种电能表共有 11 个接线桩头，从左到右按 1、2、3、4、5、6、7、8、9、10、11 编号，其中 1、4 、7 是电源相线的进线桩头，用来连接从总熔丝盒下桩头引出来的三根相线；3、6、9 是相线的出线桩头，分别去接总开关的三个进线桩头；10、11 是电源中性线的进线桩头和出线桩头；2、5、8 三个接线桩头可空着。直接式三相四线制电能表的接线盒如图 4 - 6 - 7 所示，其连接片不可拆卸。

（2）直接式三相三线制电能表的接线：这种电能表共有 8 个

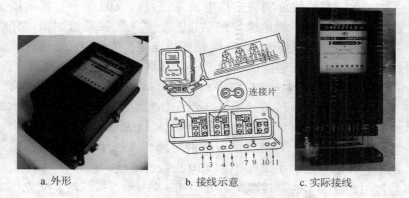

a. 外形　　　　　b. 接线示意　　　　　c. 实际接线

图 4 - 6 - 7　直接式三相四线制电能表的接线盒

接线桩头，其中 1、4、6 是电源相线进线桩头，3、5、8 是相线出线桩头，2、7 两个接线桩可空着。其接线如图 4 - 6 - 8 所示。

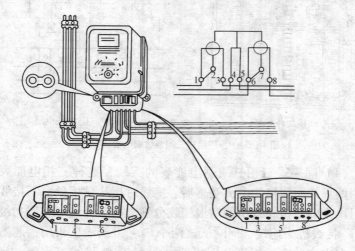

图 4 - 6 - 8　直接式三相三线制电能表的接线

（3）间接式三相四线制电能表的接线：这种三相电能表需配用三只相同规格的电流互感器。接线时把从总熔丝盒下接线桩头引来的三根相线分别与三只电流互感器初级的"＋"接线桩头连接，同时用三根绝缘导线从这三个"＋"接线桩引出，穿过钢管后分别与电能表2、5、8接线桩连接；接着用三根绝缘导线，从三只电流互感器次级的"＋"接线桩引出，与电能表1、4、7进线桩头连接；然后将一根绝缘导线的一端连接三只电流互感器次级的"－"接线桩头，另一端连接电能表的3、6、9出线桩头，并把这根导线接地；最后用三根绝缘导线，把三只电流互感器初级的"－"接线桩头分别与总开关三个进线桩头连接起来，并把电源中性线与电能表10进线桩连接，接线桩11用来连接中性线的出线。其接线如图4-6-9所示。接线时，应先将电能表接线盒内的三块连接片都拆下。

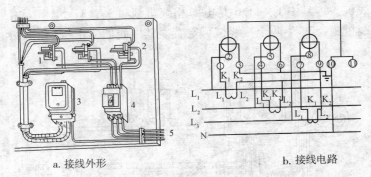

a. 接线外形　　　　　　　b. 接线电路

图4-6-9　间接式三相四线制电能表接线

（4）间接式三相三线制电能表的接线：这种三相电能表需配用两只相同规格的电流互感器。接线时把从总熔丝盒下接线桩头引出来的三根相线中的两根相线分别与两只电流互感器初级的"＋"接线桩头连接，同时从该两个"＋"接线桩头用铜芯塑料硬线引出，并穿过钢管分别接到电能表2、7接线桩头上；接着从两只电流互感器次级的"＋"接线桩用两根铜芯塑料硬线引出，并穿过另一根钢管分别接到电能表1、6接线桩头上；然后用一根导线从两只电流互感器次级的"－"接线桩头引出，穿过后一根钢管接到电能表的 3、8 接线桩头上，并应把这根导线接地；最后将总熔丝盒下桩头余下的一根相线和从两只电流互感器初级的"—"接线桩头引出的两根绝缘导线，接到总开关的三个进线桩头上；同时从总开关的一个进线桩头（总熔丝盒引入的相线桩头）引出一根绝缘导线，穿过前一根钢管，接到电能表的 4 接线桩上，如图 4 - 6 - 10 所示。注意应将三相电能表接线盒内的两块连接片都拆下。

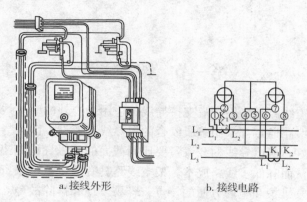

a. 接线外形   b. 接线电路

图 4 - 6 - 10   间接式三相三线制电能表接线

四、注意事项

（1）电流互感器应装在电能表的上方。

（2）电能表总线必须采用铜芯塑料硬线，其最小横截面积不得小于 $1.5 \, mm^2$，中间不准有接头，自总熔丝盒至电能表之间沿线敷设长度不宜超过 10 m。

（3）电能表总线必须明线敷设，采用线管安装时，线管也必须明装，在进入电能表时，一般以"左进右出"原则接线。

（4）电能表必须垂直于地面安装，表的中心离地面高度应在 1.4 ~ 1.5 m。

第五章　室外线路的安装

第一节　架空线路

架空线路是采用杆塔支持导线，适用于户外的一种线路安装形式。线路通常都采用多股绞合的裸导线来架设，因为导线的散热条件好，所以导线的载流量要比同截面的绝缘导线高出30%～40%，从而降低了线路成本。架空线路具有成本低、投资少、安装容易、维护和检修方便的特点，容易发现和排除故障。但它易受环境（如气温、大气质量和雨雪大风、雷电等）的影响，而且，架空线路要占用一定的地面和空间，有碍交通和整体美化，因此，其使用受到一定的限制。

架空线路按电压等级可分为低压、高压和超高压线路三种。一般企业、工厂配电用的架空线路电压等级为 6 kV（10 kV）和 0.4 kV 两种。其中 0.4 kV 的为车间低压电气设备的动力线路或生活照明线路。

一、架空线路的组成

架空线路由电杆、导线、横担、拉线、金具、绝缘子构成。

（一）电杆

电杆是用来架设导线的，应具有机械强度高、造价低、寿命长等特点。电杆按其材质可分有木杆、金属杆（铁杆、铁塔）、钢筋混凝土杆三种。钢筋混凝土杆是目前应用最广的一种电杆。一般架空线路常采用截面为环形的钢筋混凝土杆。环形钢筋混凝土杆又可分为锥形杆和等径杆两种。锥形杆的锥度为 1:75。电杆的长度一般为 8 m、9 m、10 m、12 m 和 15 m 等。

（二）导线

架空线路的导线因易受风、雨、空气、温度等的影响，所以必须具备导电性能好、机械强度高、重量轻、耐腐蚀等特点。一般架空线路多采用多股裸导线。在工矿企业内部，为了避免发生短路和触电事故，宜采用绝缘导线。

（三）横担

横担作为瓷瓶的安装架，也是保持导线间距的排列架。横担分角钢横担、木横担和瓷横担三种。最常用的是角钢横担，它具有耐用、强度高和安装方便等优点。角钢横担的一般结构如图 5 – 1 – 1 所示。

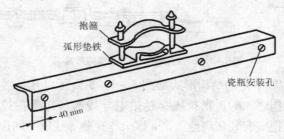

图 5 – 1 – 1　角钢横担

（四）拉线

对拉线的材料、结构和安装的要求如下：

1. **拉线的材料**　在地面以上部分的，拉线最小截面积不应小于 25 mm²，可采用 2 股直径为 4 mm 的镀锌绞合铁丝。在地下部分的（地锚柄），其最小截面不应小于 35 mm²，可用 3 股直径为 4 mm 的镀铂绞合铁丝；如用圆钢做地锚柄时，圆钢的直径不应小于 12 mm。

2. 地锚用料 一般用混凝土制成，规格不应小于 100 mm × 200 mm × 800 mm，埋深为 1.5 m 左右。

3. 拉线的结构

（1）拉线上把常用的三种结构形式如图 5 - 1 - 2 所示。其中绑扎上把的绑扎长度应在 150～200 mm；U 形扎上把必须用三副以上，两副 U 形扎之间应相隔 150 mm。

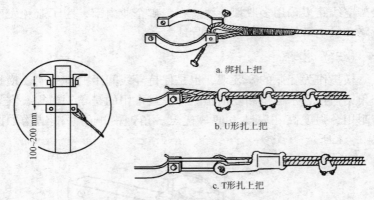

a. 绑扎上把

b. U 形扎上把

c. T 形扎上把

图 5 - 1 - 2 拉线上把的三种结构形式

（2）拉线中把的结构形式如图 5 - 1 - 3 所示。凡拉线的上把装于双层横担之间的，则拉线穿越带电导线时，必须在拉线上安装中把。中把应安装在离地 2.5 m 以上、穿越导线以下的位置上。

中把的作用是避免导线与拉线碰触时而使拉线带电。

（3）拉线下把的三种结构形式如图 5 - 1 - 4a、b、c 所示。

（五）金具

凡用于架空线路的所有金属构件（除导线外），均称为金具。对金具的技术要求有：

（1）必须经过防锈处理，有条件的应镀锌。

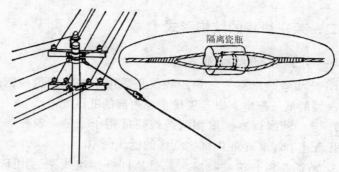

图5-1-3 中把的结构形式

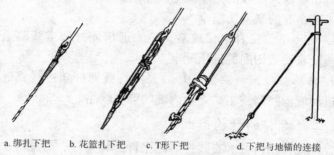

a.绑扎下把 b.花篮扎下把 c.T形下把 d.下把与地锚的连接

图5-1-4 下把的三种结构形式

（2）所用金具的规格必须符合线路要求。

（3）应加工的金具（如锯割、钻孔和弯曲等），必须在防锈处理前加工完毕，加工后必须经过检查，应符合质量要求。

（六）绝缘子

绝缘子用来支撑架空导线，并使导线与大地绝缘。在架空线路上常用的绝缘子有针式绝缘子、蝴蝶式绝缘子、拉线绝缘子。针式绝缘子有木担直脚、铁担直脚和弯脚三种类型。按针脚长短分为长脚绝缘子和短脚绝缘子。长脚绝缘子用在木横担上，短脚绝缘子用在铁横担上。蝴蝶式绝缘子用在耐张杆、转角杆和终端杆上。拉线绝缘子用在拉线上，使拉线上下两段互相绝缘起来。

二、架空线路的结构形式

（一）线路的结构形式

1. 三相四线线路　　三相四线线路适用于城镇中负荷密度不大的区域的低压配电，以及工矿企业内部的低压配电。

2. 单相两线线路　　单相两线线路适用于城镇、农村居民区的低压配电和工矿企业内部生活区的低压配电。

3. 高低压同杆架空线路　　高低压同杆架空线路适用于城镇中负荷密度较大区域的低压配电或用电量较大、设有高压用电设备的工矿企业的高低压配电。

4. 电力通信同杆架空线路　　电力通信同杆架空线路适用于小城镇、农村或田间的低压配电。

5. 与路灯线同杆架空线路　　与路灯线同杆架空线路适用于沿街道的配电线路或工矿企业内部的架空线路。

（二）电杆的结构形式

电杆按作用可分为直线杆、耐张杆、转角杆、终端杆、分支杆等五种结构形式。各种电杆的使用方法如下：

（1）直线杆位于线路直线段上，仅用于支持导线、绝缘子和金具。在正常情况下，直线杆能承受线路侧面的风力，但不能承受线路方向的拉力。此类电杆占线路中全部电杆数的80%以上。

（2）耐张杆位于线路的直线段的几根直线杆之间，或用于有特殊要求的地方，如铁路、公路、河流、管道等交叉处。这种电杆在断线事故和紧线情况下，能承受一侧导线的拉力。

（3）转角杆位于线路改变方向的地方。这种电杆可能是耐张型的，也可能是直线型的，视转角大小而定。它能承受两侧导线的合力。

（4）终端杆位于线路的首端与终端，在正常情况下，能承受线路方向上全部导线的拉力。

（5）分支杆位于线路的分路处。这种电杆在主线路方向有直线型和耐张型两种。在分路方向为耐张型，应能承受分支线路导线的全部拉力。

电杆的功能种类如图 5 - 1 - 5 所示。

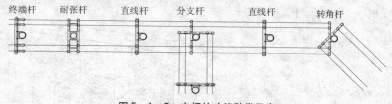

图 5 - 1 - 5 电杆的功能种类示意

（三）拉线的结构形式

拉线用来平衡电杆，不使电杆因导线的拉力、风力等因素的影响而倾斜。拉线按用途和结构不同可分为以下几种。

1. 终端拉线 终端拉线用于耐张终端杆和分支杆，也叫普通拉线。

2. 转角拉线 转角拉线用于转角杆。

3. 人字拉线 人字拉线用于基础不坚固、跨越加高杆或较长的耐张段中间的直线杆上。

4. 高桩拉线 高桩拉线用于跨越公路、渠道和交通要道处。

5. 自身拉线 自身拉线用于因地形限制，而不能采用一般拉线的地方。

三、架空线路的敷设

（一）电杆的安装

1. 电杆定位与挖坑

（1）定位：首先根据设计图纸明确架空线路电力输送的途径及输送的容量，通过勘查地形初步确定杆位和走向，然后进一步确定杆型。在确定杆型时，应首先确定终端杆、转角杆、耐张杆，最后确定直线杆。在确定基本走向和杆型后就要确定敷设杆距，低压杆杆距为 40～60 m，高压杆杆距为 50～100 m，在尽量满足杆距基本相等的原则下，也同时考虑用电点下火方便。

（2）挖坑：为了立杆的方便，杆坑的形状一般分为圆形和梯形，如图 5 – 1 – 6 所示。

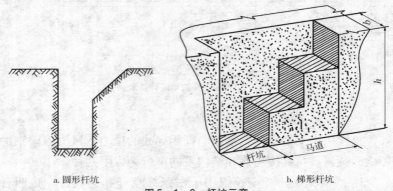

a. 圆形杆坑　　　　　　　　　　　b. 梯形杆坑

图 5 – 1 – 6　杆坑示意

图 5 – 1 – 6b 为三阶杆坑示意，图中杆坑部分为基础地面，为电杆底径加 200～400 mm；h 为电杆埋深，根据杆高决定，一般为杆高的 1/10 加 700 mm；b 为坑宽，一般为 0.2h。

挖坑时为施工方便，可挖成上大、底小的楔形坑。挖坑完成后，按设计要求的规格将线杆底盘放入坑底。如采用现制的底盘，应待立杆后进行。

挖坑时应注意：

1）坑深超过 1.5 m 时，坑内施工人员必须戴安全帽，一般坑内只允许一人操作。

2）施工时坑边不许堆放重物，禁止将工具放在坑边，以免落入坑中。

3）挖出的土方应堆放在距坑边 0.5 m 以外的地方，以免影响施工。

4）坑边应设置安全围栏，夜间装设红色警示灯。

5）施工时应严谨、认真，严禁在坑内聊天。

2. 排杆 排杆是指根据定位确定杆型后，将线杆按要求分别运到坑位旁。

3. 组杆 为施工方便，采取汽车吊车施工方式时，一般都在地上将杆顶进行必要的组装，然后立杆。

（1）组装横担：横担是用来支持绝缘子、架设导线用的，水泥杆上的横担采用镀锌角钢制成，一般采用 50 mm×5 mm 以上的角钢，其规格按导线根数决定，长度为 1.5～1.8 m。多横担电杆组杆时，从电杆最上端开始，单横担装在电杆负荷侧。图 5-1-7 为低压四线横担杆顶组装示意。

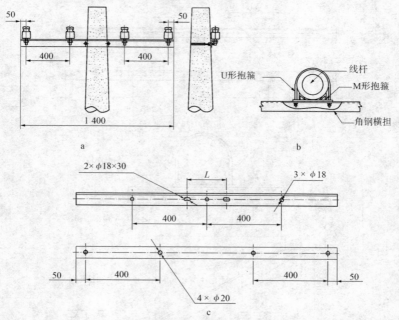

图 5-1-7 低压四线横担杆顶组装示意（单位：mm）

横担角钢规格为 65 mm×65 mm×6 mm 的等边角钢，图中 L 应根据电杆规格确定。

图 5 – 1 – 8 为低压五线横担杆顶组装示意。五线横担一般应加支撑。

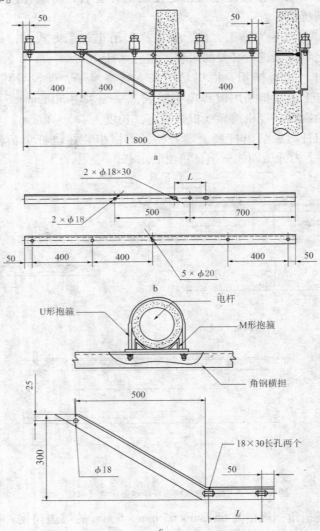

图 5 – 1 – 8　低压五线横担杆顶组装示意（单位：mm）

横担角钢规格为 65 mm×65 mm×6 mm 的等边角钢，图中 L 应根据线杆规格确定，支撑角钢规格为 50 mm×50 mm×5 mm 的等边角钢。

（2）绝缘子组装：绝缘子用来直接支撑导线。根据杆型的不同，绝缘子的使用种类和组装方式也不同。图 5－1－9a 中使用的低压针式绝缘子，一般可用于直线杆，也可用于转角不大的转角杆，敷设时导线可从顶端的凹处架设，也可在侧面的凹处架设。图 5－1－9b 中使用的是低压碟式绝缘子，可用于转角杆、耐张杆、下火杆等，敷设时将导线从中间腰部穿过作终端回头。

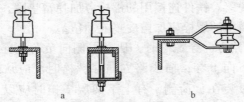

a   b

图 5－1－9　低压绝缘子的做法示意

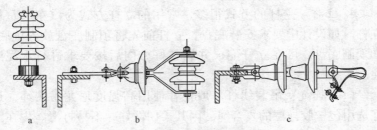

a   b   c

图 5－1－10　高压绝缘子的做法示意

图 5－1－10 为高压绝缘子的做法示意，图 5－1－10a 为高压柱式绝缘子的做法，一般可用于直线杆或杆上绝缘支撑，也用于挡距、线径不大的下火线。图 5－1－10b、5－1－10c 两种做法可用于转角杆、分支杆、耐张杆及下火杆。

图 5－1－11 为高压耐张杆绝缘子典型做法示意。

（3）立杆前应在地面将电杆顶部组装完毕，组装电杆时应

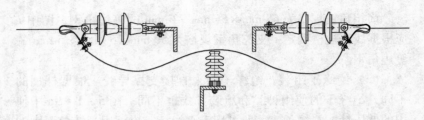

图 5 - 1 - 11　高压耐张杆绝缘子的典型做法示意

注意：

1）在螺栓受力大的地方，应使用双螺母，把它们并紧，防止螺母自动脱落。铁件连接用的螺栓应加弹簧垫圈，防止螺母松动。固定瓷横担的螺栓应加橡皮垫或油毡垫。

2）顺线路方向穿螺栓时，从送电侧向负荷侧穿；上下穿螺栓时，应从下向上穿；横线路方向穿螺栓时，应从线路向两侧穿。横担一般装在负荷侧，有上下两层横担时应以上层横担为准，把横担都装在同一侧。分支杆、终端杆的横担应装在拉线侧的对侧。

4. 立杆　立杆的方式很多，常用的立杆方式为汽车起重机立杆。如设计中要求安装底盘，立杆前先将预制底盘放入坑底；如现制底盘，可在立杆完成并调整好方向后按要求进行水泥灌注。

（1）拴绳：吊装线杆一般推荐使用高强度尼龙吊装绳，最好选用包橡胶外层的复合绳，因其柔韧性好、不易打滑。先在距杆底约 2/3 处的部位拴一根起吊绳，方式如图 5 - 1 - 12 所示。

吊装绳的长度约为 1 m，起升重量为 3 t。在距杆顶约 0.5 m 处，拴一根调整绳，做法是选用直径为 0.02 m 的麻绳，在杆上绕成梯形扣，如图 5 - 1 - 13 所示。将绳的两头对面扯开，每根绳上需 1 ~ 2 人，将绳子微微用力拉直。

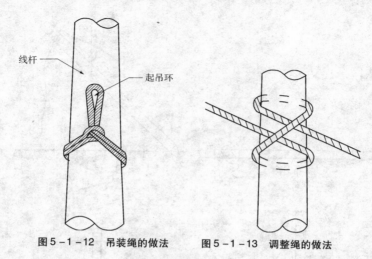

图 5 - 1 - 12 吊装绳的做法　　图 5 - 1 - 13 调整绳的做法

（2）起吊：首先将起吊绳上的起吊环挂在起重机的吊钩上，坑边站两人负责电杆入坑，调整绳的人员就位，一人负责指挥准备起吊。一切准备就绪后开始起吊，起吊后，当杆顶离地约 0.5 m 时，暂时停止起吊，在检查了起吊绳和拉绳正常后，再继续起吊。当起吊至杆底离地约 0.2 m 时，坑边两人推动杆根，将杆根对准杆坑坑口，对准时，吊车予以配合。对准后可缓慢降落，使线杆倾斜落入杆坑。这时调整绳工位的人员可拉动调整绳，在吊车的配合下将线杆向竖直方向调整，在接近竖直时，吊车下降，缓慢地将线杆落入坑中，然后用调整绳将线杆校直。在校直的过程中，坑边工位的人员可用撬杠进行协助。起吊过程如图 5 - 1 - 14 所示。

（3）方向调整：按设计要求调整线杆横担的方向，用一根环形吊装绳，在电杆距地上约 1.2 m 处缠绕 2～3 圈，按拧动方向要求穿成压扣，如图 5 - 1 - 15 所示，用一根木质撬杠穿过绳的圆扣鼻儿内，推动撬杠即可拧动线杆调整。

调整时应慢慢地拧动撬杠，每次调整量不可过大，以免调整过头。如调整过头，应抽出撬杠，将绳扣向相反的方向穿成压扣

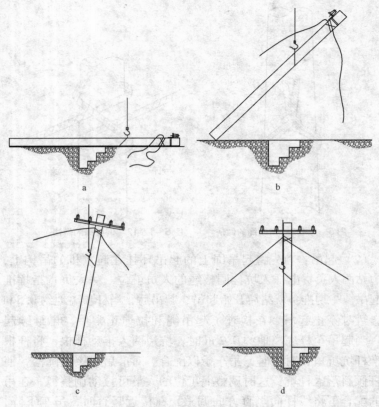

图 5 - 1 - 14　线杆起吊

再进行调节。

（4）回填：调整完方向后，在调整绳的配合下即可进行回填，要求每填埋 0.3 ～ 0.5 m 时夯实一次，坑内如有积水，应将水淘干；如有大的土块，应将土块打碎后再回填。当回填至一半左右时，如设计要求安装卡盘，可在此时进行，然后继续回填至回填夯土高出地面 0.3 m 时结束。在整个回填过程中，调整绳一直处于紧张状态。

回填完成后，可撤下吊装绳和调整绳。先松开调整绳，方法

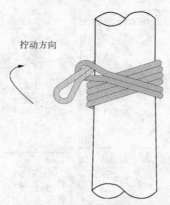

图5-1-15 方向调整绳做法

为将两根绳头交换一下方向然后稍用力牵拉，绳扣即可呈松弛状态，此时向下拉动调整绳至吊装绳，即可将吊装绳松弛拉下。

根据不同的杆型和线路，卡盘的安装方式也不同，选择不同的安装方式主要是为了达到最佳承载效果。图5-1-16为各种杆型和敷设方式下的安装方式示意。

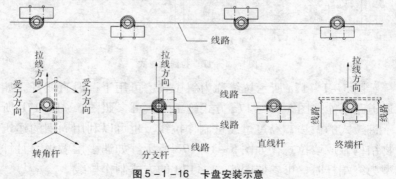

图5-1-16 卡盘安装示意

5. 制作拉线

（1）拉线的常见形式：由于线杆架线后会出现受力不平衡的现象，所以采用拉线来平衡各方面的作用力，并抵抗风力，防止线杆倾倒。对不同的电杆位置，拉线的形式也不同，各种形式的拉线如图 5 – 1 – 17 所示。

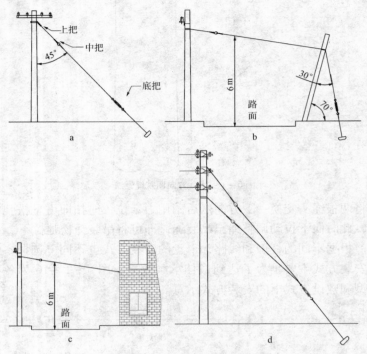

图 5 – 1 – 17　拉线的形式

图 5 – 1 – 17a 所示拉线称为斜拉式，可用于一般直线杆。如遇道路不能按图 5 – 1 – 17a 方式施工时，可参照图 5 – 1 – 17b 所示桩拉式的做法，经过过渡桩制作拉线。也可以利用周围的建筑物结构做成墙拉式，如图 5 – 1 – 17c 所示。如遇多层敷设，且杆型为终端杆时，可参照图 5 – 1 – 17d 的方式制作拉线。

（2）拉线制作：拉线的材料目前有镀锌铁丝、镀锌钢绞线两种，从制作费用上来说，镀锌铁丝成本较低，但制作过程较复杂，对工人的工艺水平要求较高，制作时间也较长。镀锌钢绞线材料成本较高，但制作容易，对工人的工艺水平要求不高，制作工时短，因此目前镀锌钢绞线材料使用较广泛。所使用的镀锌钢绞线截面积不能小于 25 mm^2。

1）上把制作。上把应选用图 5 – 1 – 18a 的结构形式，其中用于卡紧钢丝的钢线卡子必须用三副以上，每两副卡子之间应相隔 150 mm。

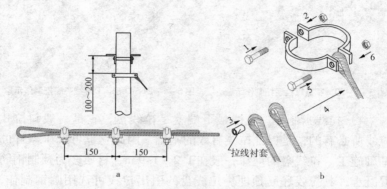

图 5 – 1 – 18　上把制作（单位：mm）

上把的安装参照图 5 – 1 – 18b 的顺序进行。

2）中把制作。凡拉线的上把装于双层横担之间且拉线要穿越带电导线时，必须在拉线上安装中把。中把应安装在距地面2.5 m 以上，穿越导线以下的位置。安装中把的作用是避免导线与拉线碰触而引起拉线带电。

中把的做法与上把的相同，也采用镀锌钢绞线材料，与上把之间用拉线绝缘子隔离，做法如图 5 – 1 – 19 所示。

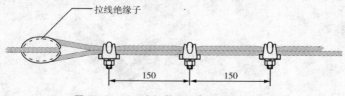

图 5 – 1 – 19　中把做法示意（单位：mm）

3）底把制作。底把可选择花篮螺栓的结构形式，因其调节拉线时比较方便。但由于花篮螺栓离地面较近，为防止被人误松动，制作完成后应用4 mm的镀锌铁丝绑扎定位。其做法如图5-1-20所示。也可以使用U形、T形线夹制作底把，如图5-1-21所示。

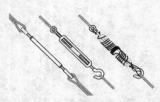

图5-1-20　花篮螺栓底把制作示意　　　　图5-1-21　U形、T形线夹底把制作示意

4）拉线盘制作。拉线最下端就是拉线盘，它是一般斜拉式拉线所必有的，是保证拉线有效的基础，因此它也可属于电杆的基础施工。拉线盘的埋深一般在1.2～1.9 m，材质多为预制钢筋混凝土，其拉线环已预埋。拉线盘的引出拉线可选用圆钢制作，直径要求大于12 mm。

图5-1-22为使用U形、T形线夹与圆钢制作的拉线盘连接示意。

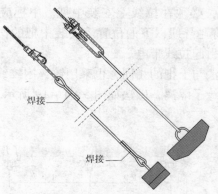

图5-1-22　拉线盘连接示意

5）拉线的拉紧。将制作完成的上把或中把与拉线盘连接时，

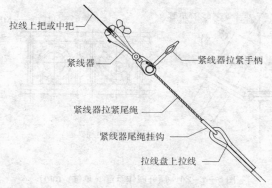

拉线上把或中把
紧线器
紧线器拉紧手柄
紧线器拉紧尾绳
紧线器尾绳挂钩
拉线盘上拉线

图 5 - 1 - 23 拉线拉紧操作示意

需使用紧线器将拉线整体拉紧，然后进行连接。一般操作方式如图 5 - 1 - 23 所示。

先将拉线整体组装完成，再用紧线器将上把或中把下端夹住，将紧线器的尾绳拉出适当长度，其末端挂钩钩住拉线盘上拉线，拧动拉紧手柄将线杆拉紧到向拉线方向倾斜一个杆梢的位置，保持 2~3 min，待其稳定后，用原拉线连接件将拉线固定。回松紧线器，待拉线吃力后撤掉紧线器，用拉线的可调组件进行进一步调节，调节满意后将调节件封固。

如施工现场不宜制作拉线，也可采用顶杆的形式，如图 5 - 1 - 24 所示。

6. 电杆杆基的加固方法和适用范围

（1）加强电杆对侧向风力的承受能力：直线杆受到线路两侧的风力时会影响其平衡，但不可能在每档电杆左右都安装拉线，所以工程上用加固杆基的办法抗御风力。一般的加固方法是：在电杆根部四周填埋一层厚 300~400 mm 的乱石，在石缝中填足泥土捣实，然后再覆盖厚 100~200 mm 的泥土，夯实，直至与地面齐平。

（2）加强电杆对下沉力的承受能力：此加固适用于承重杆（如装有变压器和开关等设备的电杆）和跨越杆，以及土质较差

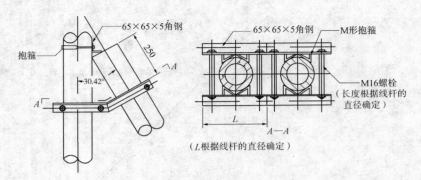

图 5 - 1 - 24　顶杆制作示意（单位：mm）

处安装的耐张杆和转角杆。加固方法是在杆坑底部填堆乱石，或放置用混凝土、石块制成的抗沉底盘。

（二）导线的安装

导线的安装包括放线、接线、架线、紧线、测弧垂和绑扎瓷瓶等步骤。

1. 放线　把整轴或整盘的导线沿着线杆两侧放开称为放线。放线时应一条一条地放，不要出现死弯、磨损和断股。

（1）徒手放线：低压线路，在线路较短、导线截面积较小时，可使用此法放线。将小盘的导线挂在手臂上，把线头固定在线路的起端，面向起端，向后倒退放线。行走时先观察好放线的路径并注意安全，一边倒退，一边摇动手臂使线盘在手臂上滚动，让导线顺着线盘的圆周方向纵向放出。不可将导线从侧面拉出，以免使导线产生应力。对于小截面的导线还可采用两只手放线的方式。如图 5 - 1 - 25 所示。

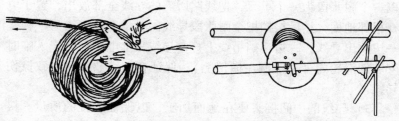

图 5 - 1 - 25 徒手放线示意　　图 5 - 1 - 26 简单的放线架

（2）用放线架或放线车放线：用放线架放线是最简便的放线方式，放线架可随地取材制作，图 5 - 1 - 26 是一种简单的放线架。

放线车是一种简单的放线专用工具，放线时把线轴套入放线车的直立轴并放在线架上，即可拉着导线前进。这种放线方式工作效率高，比较省力。图 5 - 1 - 27 是一小型放线车示意。

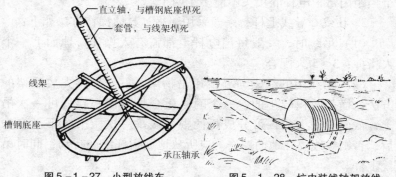

图 5 - 1 - 27 小型放线车　　图 5 - 1 - 28 坑中装线轴架放线

对于较大的线盘，如钢芯铝绞线，可采用图 5 - 1 - 28 所示的坑中装线轴架放线。

（3）导线通过放线盘放线的具体施工方法如下：

1）放线时有一人照管线盘放线，2 ~ 3 人拉线出盘，中途还应有人照管，不使导线在地上擦伤。

2）放线和架线配合的方式有两种，一种是放后再架，就是以一个耐张段为一个单元，把线路所需的导线全部放出，置于电杆根部地面，然后按挡把全耐张段导线同时吊上电杆；另一种是一边放出导线，一边逐挡吊线上杆，导线吊上电杆后要嵌入临时安装的滑轮内（不能搁在横担上），保证在继续放线时不致擦伤导线。

3）导线的中间接头要在地面加工，以保证连接的质量。接头不应安排在靠近瓷瓶处，也不要处于导线的垂弧中心。

2. **导线连接**　导线制作时有一定的长度，假设线路常常要把两根导线连接起来，形成导线接头。一种是在线挡中间的导线连接头，要承受导线上的拉力，又要较好地传导电流。另一种是杆上弓子线接头，它不承担拉力，只要求传导电流。弓子线接头可使用并沟线夹，也可使用压接管；对于线挡中间接头，钢芯铝绞线或钢绞线推荐使用压接管连接，铜绞线使用插接法连接。每个挡距内每根电杆的接头不能多于两个。

3. **挂线**　导线上杆，一般采用绳吊。具体操作方法如下：

（1）吊线时，一般每挡电杆上都需有人操作，地面上一个人指挥，3～5人配合。

（2）吊线用的绳索与导线用吊物结系好。采用先放后架的方法，横截面积较小的，一个耐张段全长的四根导线可一次吊上；截面积较大的，可分成每两根导线吊一次。吊线不可有先后，否则导线要在地面擦伤。应听从地面指挥统一行动，同时吊线上杆。

（3）吊线上杆后，一端线头绑扎在瓷瓶上，另一端线头夹在紧线器上，中间每挡把导线布在横担上的瓷瓶附近。中性线应安装在电杆的内挡。常见的相序排列是 U—N—V—W，也有排成 U—V—N—W 的。

（4）由指挥人员观察每挡导线的松紧程度，指挥杆上的操作者根据弧垂要求进行初步调整。

（5）吊线时，杆上操作者的身体扭弯角度不宜太大，以防在提线上杆时，用力过猛而扭伤。

挂线时的情景如图 5 - 1 - 29 所示。

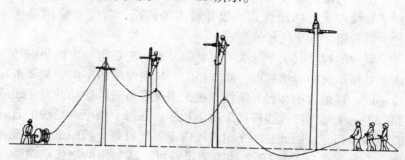

图 5 - 1 - 29　挂线操作情景

4. 紧线　导线挂好后可开始进入紧线操作。紧线是在每个耐张段内进行的，即两个耐张杆之间的线路。操作时可先在一根耐张杆上将导线绑牢在绝缘子上，在另一根电杆上紧线。

紧线时，先用人力将导线收紧到一定程度，再使用紧线器进行紧线。紧线器由三部分组成：最前端的是夹具部分，用其将导线夹住，后面是线轴部分，线轴旁边是紧线操作手柄。图 5 - 1 - 30 是目前通常使用的两种紧线器。

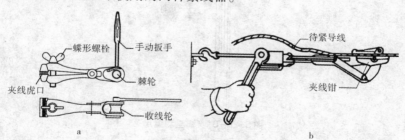

图 5 - 1 - 30　紧线器

使用时先将线轴中的拉线放出一定长度，用其端部的挂钩钩住横担，紧线器的前端夹住导线，扳动紧线器扳手，导线就逐渐被收紧了。紧线器上有棘轮装置，可防止回松。紧好后，可将紧线手柄取下，把导线绑牢在绝缘子上，工作完毕后，将紧线器取下。

　　用人力拉的紧线器可用于敷设线径在 95 mm² 以下的导线，对于导线较大、挡距较远、线杆较多的情况，就需要使用卷扬机、滑轮组，甚至汽车绞盘。

　　紧线的程度取决于导线的弧垂的要求，它是指一个挡距内导线下垂所形成的自然弧度，随着挡距、环境温度的不同，其要求也不同。弧垂过小，容易断线，过大则线容易随风摆动并发生短路。因一个耐张段内线杆挡距基本相等，而每个挡距内导线的自重也基本相等，因此在一个耐张段内不需要对每个挡距进行弧垂测量，只要在中间 1～2 个挡距测量即可。通常用两把弧垂测量尺来测量。图 5–1–31 为弧垂测量尺示意。

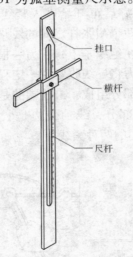

图 5–1–31　弧垂测量尺

　　使用时将弧垂测量尺的挂钩挂在导线上，把横杆固定在规定的弧垂值上，两个操作者按图 5–1–32 所示的方式测量。观察各自所在的横杆的定位上沿与导线下垂最低点，直至双方横杆的上沿在一条直线上。若有偏差，通过紧线器进行调整。

　　不同挡距的架空线路弧垂参考值如表 5–1–1 所示。

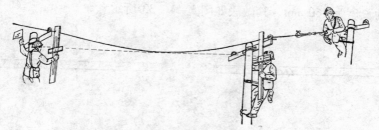

图 5 – 1 – 32　导线弧垂测量方法

表 5 – 1 – 1　　不同挡距的架空线路弧垂参考值

环境温度/℃	挡距/m				
	30	35	40	45	50
–40	0.06	0.08	0.11	0.14	0.17
–30	0.07	0.09	0.12	0.15	0.19
–20	0.08	0.11	0.12	0.15	0.19
–10	0.09	0.12	0.16	0.20	0.25
0	0.11	0.15	0.19	0.24	0.30
10	0.14	0.18	0.24	0.30	0.38
20	0.17	0.23	0.30	0.38	0.47
30	0.21	0.28	0.37	0.47	0.58
40	0.25	0.35	0.44	0.56	0.69

　　5. 导线在绝缘子上的固定　　测定弧垂后，固定导线前，地面人员应逐杆检查电杆有无倾斜，如电杆发生倾斜应予以校正。

　　（1）导线与绝缘子的贴靠方向：直线杆上的导线，必须贴靠在同一方向；转角杆上的导线必须贴靠于绝缘子外侧，使转角杆上导线的拉力加在绝缘子上，而不使绑线受力。

　　（2）导线与绝缘子的固定方式：

　　1）保护层的绑扎。在低压及 10 kV 的架空线路上，导线与绝缘子之间的固定采用绑扎的方法。裸铝线在绑扎前，对导线要做保护处理。保护方式为用铝带对导线进行两层包缠，两端各长出绑扎部位 20 mm。比如导线在绝缘子上绑扎 120 mm，则保护层的长度为 160 mm。其做法如图 5 - 1 - 33 所示。

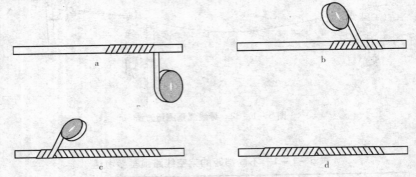

图 5 - 1 - 33　保护层的包缠步骤示意

　　包缠时先从中间绑起，每层铝带必须排列整齐、紧密，前、后圈带之间不能叠压。

　　2）绝缘子侧面部分的绑扎。把导线嵌入绝缘子侧面部分的线沟内，按图 5 - 1 - 34 的步骤绑线，先在导线左边紧贴着绝缘子密绕三圈，然后将绑线长端按逆时针方向绕到绝缘子右边，如步骤 3 所示对导线进行第一次叠压，第一次叠压从导线的上部绕到导线的下部。然后再将绑线绕到右侧对导线进行第二次叠压，这次是从导线的下部绕到导线的上部（步骤 5）。再将导线绕到右侧紧贴绝缘子对导线密绕三圈（步骤 6）。最后将短头和盘起的一端交叉后铰接收尾，并将多余部分剪掉（步骤 7）。

　　3）绝缘子的顶部绑扎。把导线嵌入绝缘子顶部线槽内，用绑线按图 5 - 1 - 35 的步骤 1 绕两圈，将盘起的一端顺时针绕到绝缘子的右侧后再绕回（步骤 2），然后在导线的上面向右下绕，完成对导线的第一次叠压。从导线的下面穿过导线向左绕回，然后再向右压过导线，完成对导线的第二次叠压，这一次是从导线的下面向左上绕。然后从导线下面绕过绝缘子回到右侧顺时针密绕两圈，再将绑线短头绕向右边（步骤 6）。最后将两根绑线铰接收尾，并将多余部分剪掉（步骤 7）。

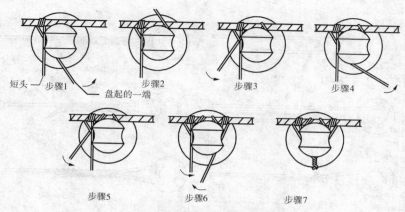

图 5 - 1 - 34　绝缘子的侧面部分绑扎步骤示意

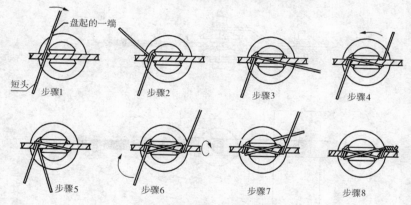

图 5 - 1 - 35　绝缘子的顶部绑扎步骤示意

4）导线的终端绑扎。终端绑扎也称作"绑回头"，用于耐张杆、分支杆和转角杆中绝缘子与导线的绑扎，图 5 - 1 - 36 是低压碟式绝缘子终端绑扎步骤示意。

图 5 - 1 - 37 为低压碟式绝缘子终端绑扎制作样例。

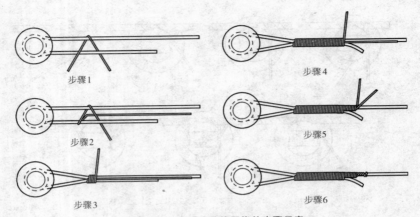

图 5-1-36　碟式绝缘子绑扎步骤示意

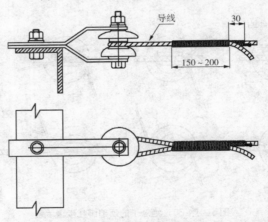

图 5-1-37　低压碟式绝缘子终端绑扎样例（单位：mm）

第二节　电缆线路

一、电缆的结构与特点

（一）电缆的结构

电缆的基本结构由线芯、绝缘层和保护层三部分组成。线芯导体要有好的导电性，以减少线路损失。绝缘层的作用是将线芯导体之间及线芯与保护层之间隔离，因此必须有良好的绝缘性能、耐热性能。保护层又分为内保护层和外保护层两部分，用来保护绝缘层，使电缆在运输、储存、敷设和运行中，电缆的绝缘层不受外力损伤和水分的侵入，故保护层应有一定的机械强度。分相屏蔽电缆的结构示意如图 5 - 2 - 1 所示。交联聚乙烯绝缘电缆的结构示意如图 5 - 2 - 2 所示。聚氯乙烯绝缘电缆的结构示意如图 5 - 2 - 3 所示。

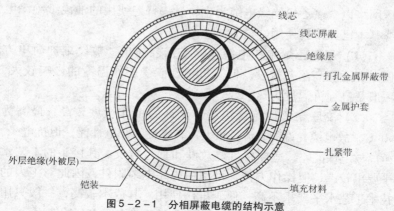

图 5 - 2 - 1　分相屏蔽电缆的结构示意

（二）电缆的特点

从目前电缆的使用情况看，以上几种结构形式的电缆使用比

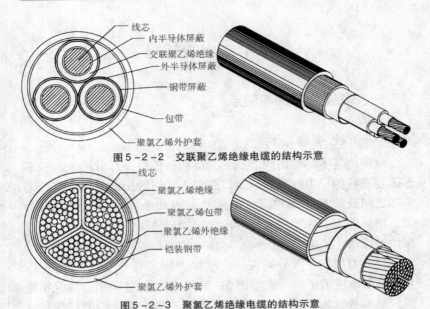

线芯
内半导体屏蔽
交联聚乙烯绝缘
外半导体屏蔽
铜带屏蔽
包带
聚氯乙烯外护套

图 5-2-2　交联聚乙烯绝缘电缆的结构示意

线芯
聚氯乙烯绝缘
聚氯乙烯包带
聚氯乙烯外绝缘
铠装钢带
聚氯乙烯外护套

图 5-2-3　聚氯乙烯绝缘电缆的结构示意

较普遍，在 10 kV 高压网络一般以交联聚乙烯绝缘电缆为主，低压网络以聚氯乙烯绝缘电缆为主，过去普遍使用的油浸纸绝缘电缆基本已经不再使用。

（1）聚氯乙烯绝缘电缆：安装工艺简单，敷设维护简单方便，能适应高落差敷设，但其机械性能受工作温度的影响较大，一般最高允许温度为 70 ℃。

（2）交联聚乙烯绝缘电缆：允许的工作温度较高，最高为 90 ℃，故电缆允许的载流量较大；有优良的介电性能，但抗电晕、游离放电性能差，适合高落差敷设和垂直敷设。其接头的工艺水平要求较严，但操作方便，可使用成品电缆附件，因此对工人的技术工艺水平要求不高，便于推广使用。其成本较高，一般只用于高压网络中，目前 1 kV 的交联聚乙烯绝缘电缆也开始使用。

3. 电缆的型号

我国电缆产品的型号由几个大写汉语拼音字母和阿拉伯数字

组成。电缆型号中各字母的含义如表 5-2-1 所示。外护层代号如表 5-2-2 所示。

表 5-2-1　电缆型号中各字母的含义

类别	导体	绝缘	内护套	特征
电力电缆（省略不表示）	T—钢线（省略不表示）	Z—纸绝缘	Q—铅包	D—不滴流
K—控制电缆	L—铝线	H—天然橡胶	L—铝包	P—分相金属护套
P—信号电缆		X（D）—丁基橡胶	H—橡套	P—屏蔽
B—绝缘电线		V—聚氯乙烯	V—聚氯乙烯	
R—绝缘软线		Y—聚乙烯		
Y—移动式软电缆		YJ—交联聚乙烯		

表 5-2-2　外护层代号

第一个数字		第二个数字	
代号	铠装层类型	代号	外被层类型
0	无	0	无
1	—	1	纤维绕包
2	双钢带	2	聚氯乙烯护套
3	细圆钢丝	3	聚乙烯护套
4	粗圆钢丝	4	—

例如：电缆 YJLV22—3×120—10—300，表示交联聚乙烯绝缘、聚氯乙烯护套、双钢带铠装、聚氯乙烯外护套，三芯 120 mm^2，电压为 10 kV 的、长度为 300 m 的电力电缆。

二、电缆中间接头的连接

（一）电缆的连接要求

（1）保证密封：若电缆密封不良，电缆油就会漏出来，使绝缘干枯，绝缘性能降低。同时，纸绝缘有很大的吸水性，极易受潮，潮气就会侵入电缆内部，导致绝缘性能降低。

（2）保证绝缘强度：电缆头的绝缘强度应不低于电缆本身的绝缘强度。

（3）与电器保持一定的距离，避免短路或击穿。

（4）保证导体接触良好：接触电阻要小而稳定，并有一定的机械强度。接触电阻必须小于或等于同长度导体电阻的 2 倍，其抗拉强度不低于电缆芯线强度的 70% 。

（二）电缆的中间接头

电缆在中间接头时，必须采用专用的电缆接头盒。常用的电缆接头盒有生铁接头盒及环氧树脂接头盒两种，如图 5 - 2 - 4 所示。由于环氧树脂接头盒的制作工艺简单，机械强度高，电气性能和密封性好，价格低廉，所以被广泛应用。

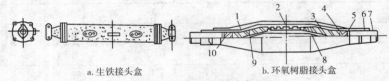

a.生铁接头盒　　　　　　　b.环氧树脂接头盒

图 5 - 2 - 4　电缆接头盒

1. 压接管　2. 压接管涂包层　3. 纸芯涂包层　4. 纸包层　5. 半导体纸
6. 涂包层　7. 铝包　8. 纸芯绝缘　9. 三岔口涂包层　10. 统包涂包层

1. 环氧树脂中间接头的方法

（1）做好准备工作，清理现场，用木板垫起两电缆连接头，使其水平调直。

（2）将绝缘纸或电缆芯线松开，浸到 150 ℃的电缆油中，检查电缆是否受潮。

（3）用摇表测量绝缘电阻并核对相序，做好记号和记录。

（4）按图 5 - 2 - 5 中的环氧树脂中间接头的铁皮模具和表 5 - 2 - 3 所示的尺寸，确定剥切的尺寸。为了便于弯曲线芯和矫正线芯，剖切铅包长度可为（$L/2 - A$）再加长 30 mm。然后确定剖切钢带铠装层的尺寸，并做上标记。

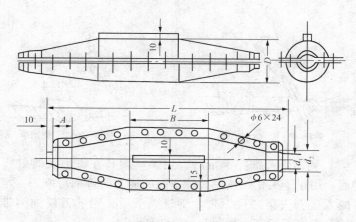

图 5 – 2 – 5 环氧树脂中间接头的铁皮模具（单位：mm）

表 5 – 2 – 3 环氧树脂中间接头的铁皮模具尺寸

编号	适用电缆截面/ mm²		各部分尺寸/mm					
	1 ~3 kV	6 ~10 kV	L	D	A	B	d_1	d_2
1 号	95 及以下	50 及以下	420	80	—	140	30	40
2 号	120 ~150	70 ~120	480	100	30	160	44	52
3 号	240	150 ~240	520	115	—	170	54	64

（5）在标记以下约 100 mm 处的钢带上，用浸有汽油的抹布把沥青混合物擦净，再用砂布或锉刀打磨，使表面显出金属光泽，涂上一层焊锡，以备放置接地线时使用。

（6）锯切钢带铠装层：用专用的刀锯在钢带上锯出一个环行深痕，深度为钢带厚度的 1/3，切勿伤及其他包层，如图 5 – 2 –6 所示。

图 5 - 2 - 6　锯切钢带

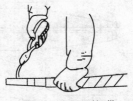

图 5 - 2 - 7　剥钢带

（7）剥钢带：锯完钢带后，用螺丝旋具在锯痕尖脚处将钢带挑起，用钳子夹住，按原缠绕方向的逆方向将钢带撕下。再用同样的方法剥去第二层钢带。钢带撕下后，用锉刀修饰钢带切口，使其光滑无毛刺，如图 5 - 2 - 7 所示。

（8）剖削铅包（或铝包）：剖削铅包前，应将喇叭口以上 60 mm 范围内的一段铅包表面用汽油洗净后打毛，并用塑料带做临时包缠，以防弄脏。然后按剖削尺寸，先在铅包切断的地方切一环行深痕，再顺着电缆轴向在铅包上用剖切刀划两道深痕，间距为 10 mm，深度为铅包厚度的 1/2。随后在电缆接头处顶端，把两道深痕间的铅皮条用螺丝旋具翘起，用钳子夹住铅皮条往下撕，并将其撕断。

（9）胀喇叭口：剥完铅包层后，用胀口器将铅包胀成喇叭口，先在距喇叭口 25 mm 的纸绝缘上用塑料带包缠保护，然后剥去剩下的统包纸绝缘层，并分开每根线芯，用汽油洗去芯线上的电缆油。

（10）连接芯线：用塑料带临时把每根芯线包缠一层，以防受损弄脏，随后在芯线三叉处塞入三角木模撑住，并把各根芯线匀称地分开。按连接套管长度的 1/2 长度再加上 5 mm，剖削每根芯线端部的油浸纸绝缘包层。对于堵油连接管，其剖削长度等于单边孔深的长度加 5 mm。然后把芯线线端插入连接管中，进行压接。

（11）恢复绝缘层：芯线压好后，先将连接管表面用锯条或钢丝刷拉毛，用汽油或酒精洗净，然后拆去各芯线上的统包纸绝缘及铅包上的临时塑料包缠带；并用无碱性玻璃丝带，顺原纸绝缘层的包缠绕向，以半重叠方式，在每根芯线上进行包缠，在芯线上包缠两层，压接管上包四层，再在缠包层上包两层，在芯线三叉处交叉压紧 4~6 次。包缠时，应一边包缠，一边涂上环氧树脂。涂包结束后，用红外线灯泡或电吹风对准涂包加热，促使涂料变干凝固。

（12）装环氧树脂中间接头铁皮模具：装模具前应先在模具内壁涂上一层硅油脱模剂，然后在接头两端的铅包上用塑料带包缠，以防浇注的环氧树脂从端口处渗出；最后将模具装在上面。装模具时，应将三根芯线放在模具中间，芯线之间保持对称的距离。

（13）浇注环氧树脂：将环氧树脂从模具浇注口一次浇入，不可间断，浇满为止，约半小时后环氧树脂凝固，之后拆除模具并用汽油将接头表面的硅油脱膜抹去。

（14）焊上过渡接地线：用裸铜绞线把中间接头盒两端的电缆金属外皮焊成一体。

如果电缆中间接头直埋地下，则在接头表面涂一层沥青，并在环氧树脂和电缆铅包衔接处，用塑料带包缠四层，一边包缠，一边涂上沥青。为防止中间接头受损，可把接头下部的土夯实，并在四周用砖砌筑。

2. 10 kV 交联聚乙烯电缆热缩型中间接头的制作

（1）做好准备工作：准备好内热缩管、相热缩管、铜屏蔽网、未硫化乙丙绝缘带、热熔胶带、半导体带、聚乙烯带、接地线等。

（2）剥切电缆外护套：先将内热缩管套入一侧电缆上，将需连接的两电缆端头各 50 mm 处的一段外护套剥切。

（3）剥除钢带：自外护套切口向电缆端头量 50 mm，装上钢带卡子，然后在卡子外沿电缆一周的钢带上锯出环状深痕，将钢带剥除。

（4）剖切内护层：在距钢带切口 50 mm 处剖切内护套。

（5）剥除铜屏蔽带：自内护套切口向电缆端头量 100～150 mm，将该段铜屏蔽带用细线绑扎，其余部分剥去，如图 5-2-8 所示。

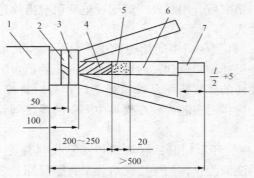

图 5-2-8　电缆剖切尺寸（单位：mm）

1. 外护套　2. 钢带卡子　3. 内护套　4. 铜屏蔽带
5. 半导体布　6. 交联聚乙烯绝缘　7. 线芯

（6）清洗线芯绝缘、套上相热缩管：用酒精清洗三相线芯交联聚乙烯绝缘层表面后，分相套入铜屏蔽及相热缩管。

（7）剥除绝缘、压连接管：剥除线芯端头交联聚乙烯绝缘层，剥除长度为连接管长度的（$l/2+5$）mm，然后用酒精清洁线芯表面，线芯的两端分别从连接管两端插入连接管，用压钳压好。每相接头至少有 4 个压点。

（8）包缠绝缘带：在压接管及其两端裸线芯处包缠未硫化的乙丙橡胶带两层，包缠必须严密。

（9）套入相热缩管：先在接头两边的交联聚乙烯绝缘层上适当包缠热熔胶带，然后将事先套入的相热缩管移至接头中心位置，用喷灯沿轴向加热，使热缩管均匀收缩，包紧接头，加热收缩时不应产生褶皱和裂缝。

（10）焊接铜屏蔽带：先用半导体带将两侧半导体屏蔽布缠

绕连接，再展开铜屏蔽网与两侧的铜屏蔽带焊接，每端不少于 3 个焊点。

（11）加热内热缩管：并拢三根线芯，用塑料带将线芯及填充料包缠在一起，在电缆内护套处适当缠绕热熔胶带，然后将内热缩管移至中心位置，用喷灯加热使其均匀收缩。

（12）焊接地线：在接头两侧电缆钢带卡子处焊接 $25\ mm^2$ 的软铜线作地线。

（13）加热外热缩管：先在电线外护套上适当缠绕热熔胶带，然后将外热缩管移至中心位置，用喷灯加热使其均匀收缩。

中间头制作完毕后，其结构如图 5 – 2 – 9 所示。

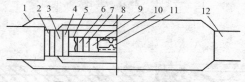

图 5 – 2 – 9　中间头的结构

1. 外热缩管　2. 钢带卡子　3. 内护套　4. 铜屏蔽带　5. 铜屏蔽网
6. 半导体屏蔽带　7. 交联聚乙烯绝缘层　8. 内热缩管　9. 相热缩管
10. 未硫化乙丙绝缘带　11. 中间连接管　12. 外护套

三、电缆终端的连接

电缆终端头是指电缆在最终连接点上电缆端头的处理。在目前使用的电缆中，10 kV 电缆以交联聚乙烯绝缘聚氯乙烯护套电缆为主，低压电缆以聚氯乙烯绝缘聚氯乙烯护套电缆为主。这两种电缆的终端头又以热缩终端头的使用比较普遍，热缩电缆终端头又分为室内、室外两种。本处以室内交联电缆热缩终端头制作为例展开，图 5 – 2 – 10 为热缩终端头组件的示意。

制作步骤：

（1）剥外层绝缘：根据电缆截面大小所要求的长度，首先将电缆的外层绝缘剥去，图 5 – 2 – 11 为交联电缆端头剥切尺寸示意。

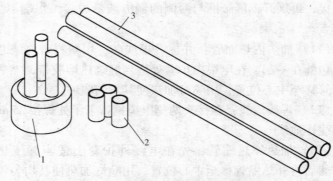

图 5 - 2 - 10　室内交联电缆热缩终端头组件示意

1. 分支护套　2. 端头套管　3. 长套管

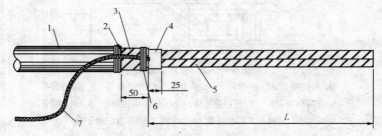

图 5 - 2 - 11　电缆终端头剥切尺寸示意（单位：mm）

1. 外层绝缘　2. 绑扎线　3. 钢铠　4. 内层绝缘包带

5. 电缆芯线　6. 绑扎线　7. 接地线

图 5 - 2 - 11 中 L 的尺寸参照表 5 - 2 - 4 中数据要求。

表 5 - 2 - 4　电缆终端头剥切尺寸 L 取值　（单位：mm）

电缆截面/mm²	1 号	2 号	3 号
	25 ~ 50	70 ~ 120	150 ~ 240
室外交联电缆端头剥切尺寸 L	450	530	600
室内交联电缆端头剥切尺寸 L	500	580	650

剥切时，在按 L 的尺寸加 50 mm 的地方先用 $\phi 2$ mm 的裸铜线绑扎 3 ~ 4 圈，然后用电工刀沿绑线外沿横向刻痕，深度可接

近刻透。再用电工刀沿电缆纵向刻痕处向右、向外刻透剥离。剥切完后，用汽油或无水酒精擦剥除外绝缘后的钢铠，用 $\phi2$ mm 的裸铜线在图 5 – 2 – 11 所示的 50 mm 边沿处绑扎 3~4 匝，绑扎时将软编织铜线做的地线压在绑线的下面。

（2）按 L 的长度在钢带铠装上沿圆周锯一环形锯痕，其深度不要超过铠装厚度的 2/3，不得一次锯透，以免伤及内绝缘。剥铠装时，用电工刀在锯痕处把铠装撬起，然后从根部向末端剥除。如图 5 – 2 – 12 所示。

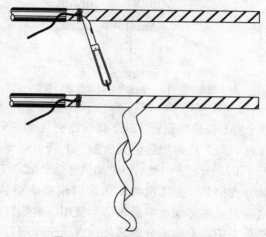

图 5 – 2 – 12　铠装剥切做法示意

（3）剥内绝缘包带：将内层绝缘包带从外端开始剥离，剥至图 5 – 2 – 12 所示的位置后用高压绝缘胶带固定。

（4）焊接地线：将接地线下的铠装表面用纱布清理干净，涂上松香或焊锡膏，用 500 W 的电烙铁把接地线与铠装焊牢。

（5）压接接线端头：分开电缆芯线，并除去内包带绝缘内的填料，剥去芯线端部的绝缘，剥切长度约为接线端头孔深加 10 mm。将接线端头装到电缆芯线端部，用压接钳逐个压接。压接完毕后，用锉刀除去毛刺，然后用汽油或无水酒精进行擦洗。

（6）端头热缩操作：先处理芯线端头，将端头热缩套管逐个套在压接完成的电缆端头上，其位置应能覆盖端头压坑和裸露导线，然后用汽油喷灯均匀加热使其紧密地缩在电缆端头上，如图 5 - 2 - 13 所示。

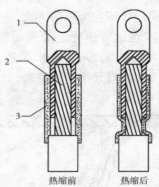

热缩前　　　　　热缩后

图 5 - 2 - 13　电缆端头处理做法示意

1. 接线端头　2. 电缆芯线　3. 端头热缩套管

　　然后逐个套上长热缩套管，其下端应距铠装 40 ~ 50 mm，然后用汽油喷灯自下而上均匀加热使其收缩，上管口应覆盖接线端头 10 ~ 20 mm，长的部分剪去，然后继续加热直至全长均匀收缩完成。

　　最后装分支护套，先用汽油或无水酒精擦洗铠装及三叉处，将分支护套穿过三根芯线至电缆根部，使用汽油喷灯均匀地从中部向上加热分支护套上部的分支部分，直至全部均匀收缩。

　　图 5 - 2 - 14 所示为室内五芯交联电缆热缩头组件及制作完成后的示意。

图 5 - 2 - 14　交联电缆热缩头组件及制成示意

四、电缆的敷设

电缆的敷设方式有多种，有直埋、室内地沟、穿排管、地下隧道、电缆桥架以及明敷等。每种方式都有自己的特点，选择哪种敷设方式应根据实际需要、电缆数量、环境条件等因素决定。

（一）电缆敷设前的检查

（1）电缆敷设前应核对电缆的型号、规格是否与设计相符，并检查有无有效的试验合格证，合格后方可使用。

（2）敷设前应对电缆进行外观检查，检查电缆有无损伤及两端的封铅状况。对油浸纸绝缘电缆，如怀疑其受潮，可施行潮气检验。其方法是将电缆锯下一小段，将绝缘纸一层一层剥下，浸入 140~150 ℃ 的绝缘油中。如有潮气，油中将泛起泡沫，受潮严重时油内会发出"嘶嘶"声，甚至"噼啪"的爆炸声。但必须注意的是：取绝缘纸放入油中时，必须用在油中浸过的尖嘴钳头去夹绝缘纸，避免与手或其他物品接触过的绝缘纸浸入热油中而发生错误判断。潮气试验应从外到里分别试炭黑纸、统包纸、芯填料、相绝缘纸、靠近线芯的绝缘纸和导电芯线。

（3）在电缆敷设、安装过程中，以及在电缆线路的转弯处，为防止因弯曲过度而损伤电缆，规定了电缆的最小允许弯曲半径。如多芯纸绝缘电缆的弯曲半径不应小于电缆外径的 15 倍，多芯橡塑铠装电缆的弯曲半径不应小于电缆外径的 8 倍等。人工放电缆时应遵循上面的允许弯曲半径，不能因施工将电缆损坏。

（二）电缆敷设的方法

1. 电缆的直埋敷设　这种方式是沿选定的敷设路线开挖电缆沟，然后将电缆埋在沟内。一般适用于电缆数量不多、敷设距离较长的情况。

（1）开沟：开沟前，应首先弄清施工沿线上的地下管线、土质和地形等环境情况。开挖时，先在敷设路线上按设计要求用白灰在地面上做出电缆沟的线路和宽度标记，然后在整个路段上标出与地下管线有关联的开挖点，并提醒施工人员注意。

10 kV 及以下电缆沟的深度一般可在 0.7~0.8 m，沟的宽度应根据电缆条数决定，一般一条电缆取 300~400 mm 即可，电缆较多时按电缆间距为 100 mm 来决定宽度。图 5-2-15 为单条电缆直埋敷设的一般做法。

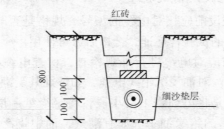

图5-2-15　单条电缆直埋敷设的一般做法（单位：mm）

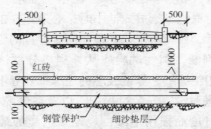

图5-2-16　电缆直埋与公路交叉时的做法（单位：mm）

以下是开沟时特殊情况处理时的基本做法：图 5-2-16 所示为电缆直埋时与公路交叉时的电缆沟与电缆的做法，图 5-2-17 所示为电缆直埋时与其他管线交叉时的做法，图 5-2-18 所示为电缆直埋与燃气、热力管线平行时的做法，图 5-2-19 所示为电缆直埋与燃气、热力管线交叉时的做法，图 5-2-20 所示为电缆直埋与一般管线交叉时的做法，图 5-2-21 所示为电缆直埋与管沟交叉时的做法。

电缆沟在穿越农田时，考虑到耕作等因素，沟深应大于 1m；

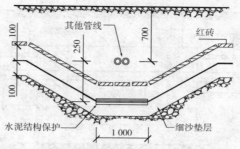

图 5 - 2 - 17 电缆直埋与其他管线交叉时的做法（单位：mm）

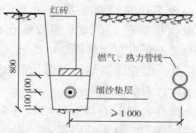

图 5 - 2 - 18 电缆直埋与燃气、热力管线平行时的做法（单位：mm）

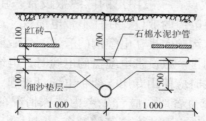

图 5 - 2 - 19 电缆直埋与燃气、热力管线交叉时的做法（单位：mm）

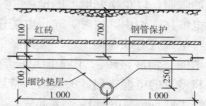

图 5 - 2 - 20 电缆直埋与一般管线交叉时的做法（单位：mm）

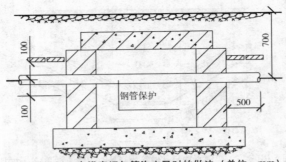

图 5 - 2 - 21 电缆直埋与管沟交叉时的做法（单位：mm）

在引入建筑物，与地下建筑物交叉及经过地下建筑物时，可浅埋，但应注意采取保护措施。直埋电缆沟的拐角处要挖成圆弧形，以满足电缆的最小允许弯曲半径。电缆接头处的两端、引入建筑物和引上线杆处，要挖出圆形的电缆预留盘圈沟，其直径也应满足电缆的最小允许弯曲半径。

电缆沟内不允许有尖利的石块、砖块和含有腐蚀性的土壤，电缆沟开挖完成后应将沟底整平并夯实。

（2）电缆敷设：一般用户的电缆敷设常采用人工敷设的方式，如果是较短电缆的敷设，往往不带电缆盘，这时先将电缆沿开挖完成的电缆沟顺向排在电缆沟的旁边，然后调整好电缆的位置和应当预留的量。敷设带电缆盘的电缆时，电缆盘可放在电缆沟的一端，放线时应使用专用支架将电缆盘支起，不得使用千斤顶。在调整电缆位置时，应首先考虑特殊情况的做法需要，比如，需要穿管的地方要注意穿管的顺序。同时，还要注意电缆最小允许弯曲半径的限制，以免伤到电缆的绝缘。完成特殊情况的处理后，顺势将电缆移入沟中。这时，先将电缆在沟内调成蛇形弯的形态，不能将电缆直着放在沟中，以免沟底下沉时电缆被拉伤。然后就是所谓的"铺沙盖砖"，即先向电缆沟内填埋 100 mm 高的细沙，然后将沙下的电缆提出沙的表面，整理一下电缆的形状，再向沟内填埋 100 mm 高的细沙。至此完成了"铺沙"，接下来就是"盖砖"，将红砖或灰砖在沙的上面紧密地盖上一层。

砖的作用一是标记，今后如有人在电缆上方挖土施工时，当挖到排列有序的砖后会引起注意，同时也为今后维修寻找电缆提供标记；二是能起到一定的防护作用。砖的横向排列宽度视电缆数量而定，一般应当超过电缆两侧各 50 mm。

（3）回填：用于回填的土应经过粗筛除去大的石块。回填时应分层进行，每回填 200 ~ 300 mm，夯实一下，再进行回填。回填土应高出地面 150 ~ 200 mm，以备松土沉陷后补用。

（4）做标记：电缆直埋应当在沿线、拐角、接头、终端和进出建筑物等地段装设表明电缆方位的标记桩，直线段每 50 ~ 100 m 做一个标记桩，做好后应露出地面 150 mm。标记桩的材质为水泥，标记桩的形状如图 5 - 2 - 22 所示。

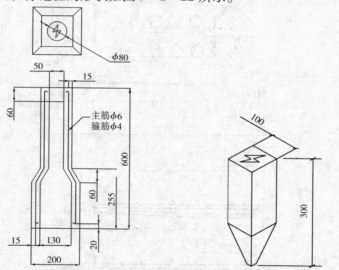

图 5 - 2 - 22 标记桩结构示意（单位：mm）　图 5 - 2 - 23 简易标记桩（单位：mm）

在一些要求不高的地方也可制作如图 5 - 2 - 23 所示的简易标记桩。

对无法做标志的地段，可依托附近的建筑物做出明显的标记，标记的颜色应使用红色。

2. 电缆在电缆沟内或隧道内敷设 当沿同一方向敷设的电缆数量较多时，可在电缆沟或电缆隧道内敷设。电缆沟或电缆隧道一般采用砖混结构，沟壁要求有足够的强度以安放电缆支架。

图 5-2-24 为 9 条以下电缆沟结构剖面，其电缆支架采用预制的方式制作，制作完成后和金属支架相比，省去了防腐和接地的处理。

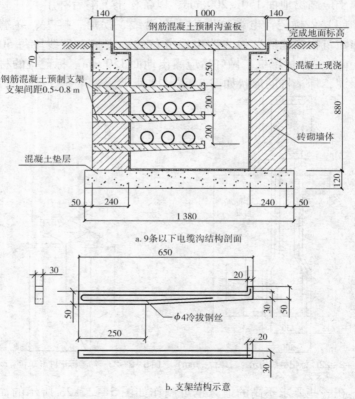

a. 9条以下电缆沟结构剖面

b. 支架结构示意

图 5-2-24 电缆支架结构剖面示意（单位：mm）

敷设时，首先按设计要求的敷设顺序，将电缆顺沟放入沟底，然后由人工再将电缆移上支架。应先从下层电缆支架开始敷设，然后根据电缆数量向上层敷设。

24 条以下电缆沟结构剖面如图 5 - 2 - 25 所示。

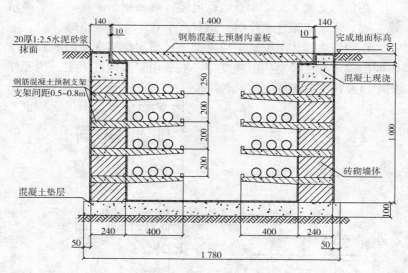

图 5 - 2 - 25　24 条以下电缆沟结构剖面（单位：mm）

3. 室内电缆明敷设　电缆在室内明敷设可以悬挂在钢索上，也可以在支架上敷设。它具有结构简单，不需要开挖土方，敷设地方宽敞，不会受到地下水侵蚀等优点。但在墙壁上预埋支架的工作量较大，灰尘堆积严重。因而，电缆室内明敷设适用于柱、墙壁、楼板等土建结构和没有密布的热力管道的场合。

（1）在钢索上悬挂敷设电缆：在钢索上悬挂敷设电缆的方法如图 5 - 2 - 26 所示。图中悬挂点间的距离为 l，对于电力电缆应不大于 0.75 m；对于控制电缆应不大于 1.5 m；对于两条电缆悬挂敷设时，其间的垂直距离对于电力电缆应不大于 1.5 m，对于控制电缆应不大于 0.75 m。

悬挂电缆用的钢索挂钩和铁托片可采用通信架空电缆用的标准产品，而钢索规格的选用则由工程设计决定。

（2）在支架上敷设电缆：在支架上敷设电缆的方法如图5 - 2 - 27 所示。

在角钢支架上沿墙垂直敷设电缆，可采用一字形、山字形角钢支架。角钢支架在制作时，钢材应平直，无明显扭曲。

在建筑物墙体上安装电缆支架，可根据角钢支架的形式采取不同的固定方法。室内电缆支架一般采用膨胀螺钉固定、预埋件固定以及用混凝土固定等几种。

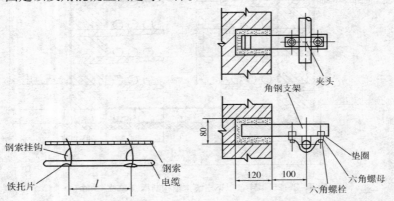

图5-2-26　在钢索上悬挂敷设电缆　　图5-2-27　在角钢支架上敷设电缆（单位：mm）

沿墙敷设电缆时，电力电缆支架间距为 1.5 m，敷设控制电缆时，支架间距为 1 m。

在支架上固定电缆，可根据电缆的截面及布线的数量，用扁钢制成单面电缆卡子、双面单根电缆卡子或双根电缆卡子，以及与支架配套的电缆卡子。

4. 电缆的进户　直埋电缆的进户首先是穿过建筑物的墙体、楼板的建筑结构，在这些地方电缆要穿钢管保护。图5 - 2 - 28 为电缆一般进户时的做法示意。

进户时如遇防水处理，可参照图5 - 2 - 29 所示的方式进户。

5. 电缆的终端敷设　电缆经敷设进户后，要进行电缆终端连接点的敷设。比如在变电所中，电缆进户后与高压配电柜连

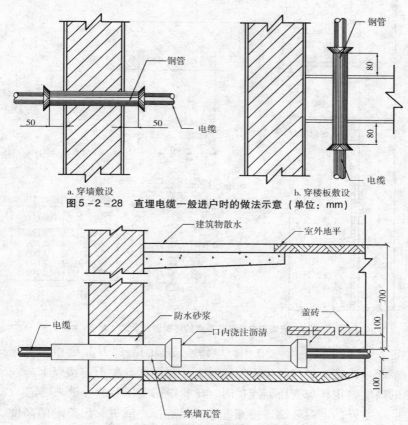

a. 穿墙敷设　　　　　b. 穿楼板敷设

图 5－2－28 直埋电缆一般进户时的做法示意（单位：mm）

图 5－2－29 直埋电缆进户的防水做法示意（单位：mm）

接，或直接敷设到变压器室与变压器的一次端进行连接。图 5－2－30 是一种典型的终端敷设的做法，它是电缆进户后与电气连接点的高度过渡。与开关柜连接时，电缆需要沿墙敷设到一定高度，然后去连接开关柜上的母线，这时，其最终连接点的高度可与开关柜母线同高，或稍高于母线高度。与变压器进行连接时，同样需要沿墙敷设到一定高度，然后通过支持绝缘子或开关再连接到变压器的高压接线端，此时的高度要根据变压器的容量来确

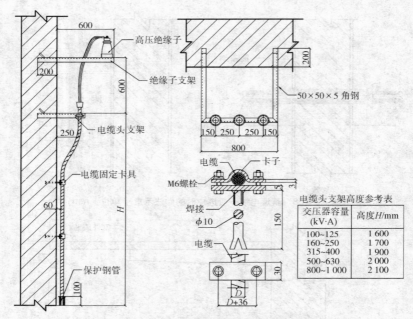

电缆头支架高度参考表

变压器容量 (kV·A)	高度H/mm
100~125	1 600
160~250	1 700
315~400	1 900
500~630	2 000
800~1 000	2 100

图 5 - 2 - 30　电缆进户后在连接点的终端做法示意（单位：mm）

定。具体到图 5 - 2 - 30 中，电缆头支架的高度 H 是要根据实际情况来确定的。与开关柜连接时，H 要根据开关柜连接点上母线的高度确定；与变压器连接时，H 要根据变压器的容量来确定。

　　室外的电缆终端连接点，除满足连接点或进、出户端的高度要求外，还应在电缆的下部穿保护钢管。图 5 - 2 - 31 所示的是一个电缆在室外进户时的做法示意。

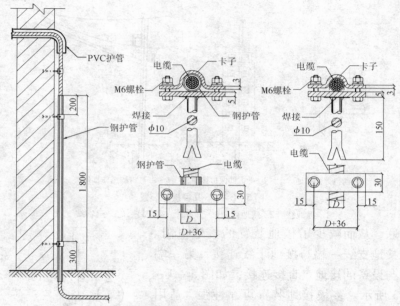

图 5 - 2 - 31　直埋电缆在室外进户时的做法示意（单位：mm）

第三节　接地装置的安装

一、接地装置的安全要求

（一）接地装置的分类

几种接地装置如图 5 - 3 - 1 所示。

1. 单极接地装置（简称单极接地）　　单极接地装置由一支接地体构成，接地线一端与接地体连接，另一端与设备的接地点连接，如图 5 - 3 - 2 所示。它适用于接地要求不太高和设备接地点较少的场所。

2. 多极接地装置（简称多极接地）　　多极接地装置由两支以上的接地体构成，各接地体之间用接地干线连成一体，形成并

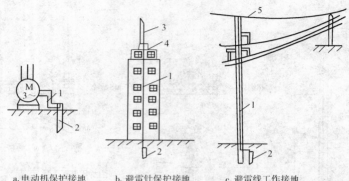

a. 电动机保护接地　　b. 避雷针保护接地　　c. 避雷线工作接地

图 5-3-1　几种接地装置

1. 接地线　2. 接地体　3. 引雷针　4. 基座　5. 避雷线

联，从而减少了接地装置的接地电阻。接地支线一端与接地干线连接，另一端与设备的接地点直接连接，如图 5-3-3 所示。多极接地装置可靠性强，适用于接地要求较高而设备接地点较多的场所。

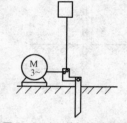

图 5-3-2　单极接地装置

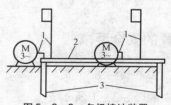

图 5-3-3　多极接地装置

1. 接地支线　2. 接地干线　3. 接地体

3. 接地网络（简称接地网）　接地网络指用接地干线将接地体互相连接所形成的网络，图 5-3-4 为接地网络常见的形状。接地网络既方便群体设备的接地需要，又加强了接地装置的可靠性，也减小了接地电阻。接地网络适用于配电所及接地点较多的车间、工厂或露天作业场所等。

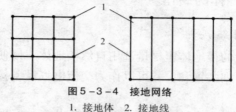

图 5-3-4 接地网络

1. 接地体 2. 接地线

(二) 接地装置的技术要求

1. 接地电阻应符合要求 接地装置的技术要求主要指对接地电阻的要求，原则上接地电阻越小越好，考虑到经济合理，接地电阻以不超过规定的数值为准。具体情况有：避雷针和避雷线单独使用时的接地电阻小于 10 Ω；配电变压器低压侧中性点接地电阻应在 0.5~10 Ω；保护接地的接地电阻应不大于 4 Ω。多个设备采用一副接地装置，接地电阻应以要求最高的为准。

2. 可靠的电气连接 钢质接地线之间及接地线与接地体之间的连接应采用搭接焊；有色金属接地线可用夹头或螺栓与接地干线或电气设备的外壳连接，在有振动的地方应垫上弹簧垫圈。

3. 足够的导电能力和机械强度 通常接地线的载流能力不应小于相线允许载流量的 1/2。接地线的最小横截面积，对于绝缘铜线为 1.5 mm²，裸铜线为 4 mm²，而绝缘铝线为 2.5 mm²，裸铝线为 6 mm²。同时还要保证接地体与接地线有足够的机械强度。

4. 良好的防腐性能 为防止腐蚀，钢质接地装置应采用镀锌元件制成，焊接处要涂沥青油防腐，明敷设的接地线可涂防腐漆（一般涂成黑色作为标记）。

5. 明显的颜色标记 接地线应涂漆作明显标记，其颜色一般规定是：黄绿双色为保护接地线，淡蓝色为接地中性线。

二、接地体的制作

（一）自然接地体

接地装置的接地体应尽量选用自然接地体，以便节约钢材和减少费用。下列装置和设备可以作为交流电气设备接地装置的接地体。

（1）敷设在地下的各种管道（自来水管、下水管、热力管等），但通液体燃料和爆炸性气体的金属管道除外。

（2）建筑物、构筑物、与地连接的金属结构。

（3）有金属外皮的电缆（包黄麻、沥青绝缘层的电缆除外）。

（4）钢筋混凝土建筑物与构筑物的基础等。

在选用这些自然接地体时，应保证导体有可靠的连接，以形成连续的导体，同时应用两根以上导体在不同地点与接地干线相连。

（二）人工接地体的制作

人工接地体一般都是用钢制成的，其规格如下：角钢的厚度应不小于 4 mm；钢管管壁厚度不小于 3.5 mm；圆钢直径不小于 8 mm；扁钢厚度不小于 4 mm，横截面积不小于 48 mm^2。材料不应有严重锈蚀，弯曲的材料必须校直后方可使用。

三、接地体的安装

（一）垂直安装方法

1. 垂直安装的接地体的制作方法　　垂直安装的接地体通常由角钢或钢管制成。长度一般在 2~3 m，但不能小于 2 m，下端要加工成尖形。用角钢制作的，尖点应在角钢的钢脊上，先钻好螺钉孔。为便于连接，要在接地体的上端按图 5-3-5 所示安装连接板。

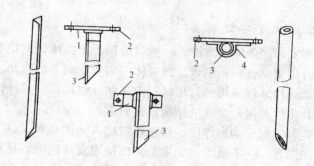

a.角钢顶端装连接板　　b.角钢垂直面装连接板　　c.钢管垂直面装连接板

图 5－3－5　对接地体上端的安装

1. 加固镶块　2. 接地干线连接板　3. 接地体　4. 骑马镶块

2. **安装方法**　采用打桩法将接地体打入地下，接地体应与地面垂直，不可歪斜，如图 5－3－6 所示。打入地面的有效深度应不小于 2 m。多极接地或接地网的接地体与接地体之间在地下应保持 2.5 m 以上的直线距离。

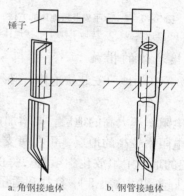

a.角钢接地体　　b.钢管接地体

图 5－3－6　垂直安装接地体的方法

用锤子敲打角钢时，应敲打角钢的角脊处；若是钢管，则锤击力应集中于尖端的切点位置。否则不但打入困难，且不易打直，造成接地体与土壤产生缝隙，增加接触电阻。

接地体打入地面后，应在其四周填土夯实。

（二）水平安装方法

水平安装接地体的方法，一般只适用于土层浅薄的地方，接地体通常用扁钢或圆钢制成。接地体一端弯成向上的直角，便于连接。如果接地线采用螺钉压接，应先钻好螺钉孔。接地体的长度随安装条件和接地装置的结构形式而定。

安装时采用挖沟填埋法，接地体应埋入地面 0.6 m 以下的土壤中，如图 5 - 3 - 7 所示。如果是多极接地或接地网，接地体之间应相隔 2.5 m 以上的直线距离。

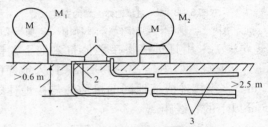

图 5 - 3 - 7　水平安装接地体的方法
1. 接地支线　2. 接地干线　3. 接地体

（三）安装接地体的措施

在土壤电阻率较高的地层安装接地体，必须采取以下几项措施：

（1）在土壤电阻率不太高的地层，要增加接地体的个数。

（2）在土壤电阻率较高的地层，可在每支接地体周围 0.5 m 以下、1.2 m 以上的地层中填放化学填料。每份化学填料的主要成分主要包括 30 kg 粉状木炭、8 kg 食盐和适量的水。

化学填料的配制方法：将食盐先溶解于水中，然后与炭粉一起搅拌，待均匀后填入接地体的周围。

（3）在土壤电阻率很高的地层，应采用挖坑换土的方法，即用土壤电阻率较低的黏土、黑土或沙质黏土来代替电阻率很高的沙石土壤。

（4）当需要接地处的土壤电阻率很高，而离之不远处的土壤电阻率较低时，可采用接地体外引的方法，用较长的接地线，把设备的接地点引出土壤电阻率较高的范围，让接地体安装在土壤电阻率较低的土壤中。

四、接地线的安装

接地线是接地干线和接地支线的总称，若只有一副接地装置，不存在接地支线时，则是指接地体与设备接地点间的连接线。

接地干线是接地体之间的连接导线，或是一端连接接地体，另一端连接各接地支线的连接线。

接地支线是接地干线与设备接地点的连接线。

（一）接地线的选用

（1）用于输配电系统的工作接地线应满足下列规定：10 kV 避雷器的接地支线宜采用多股铜芯或铝芯的绝缘电线或裸线；接地线可用铜芯或铝芯的绝缘电线或裸线，也可选用扁钢、圆钢或镀锌铁丝绞线，横截面积应不小于 16 mm^2。用作避雷针或避雷线的接地线的横截面积应不小于 25 mm^2。接地干线通常用横截面积不小于 4 mm × 12 mm 的扁钢或直径不小于 6 mm 的圆钢。

配电变压器低压侧中性点的接地支线，要采用横截面积不小 35 mm^2 的裸铜绞线；容量在 100 kV · A 以下的变压器，其中性点接地支线可采用横截面积为 25 mm^2 的裸铜绞线。

（2）用于金属外壳保护接地线的选用：接地线的最小横截面积应不小于 1.5 mm^2，裸线的应不小于 4 mm^2；接地干线的最小横截面积须按不小于相应电源相线横截面积的 1/2 选用。装于地下的接地线不准采用铝导线；移动设备的接地支线必须用铜芯绝缘软线。

（二）接地干线的安装

（1）接地干线与接地体的连接处要加镶块，如图 5－3－5a、

图 5 - 3 - 5b 所示。尽可能采用电焊接，无条件进行电焊接时，也允许用螺钉压接。连接处的接触面必须经过镀锌或镀锡的防锈处理，压接螺钉一般采用 M12、M14、M16 的镀锌螺钉。安装时，接触面要保持平整、严密，不可有缝隙；螺钉要拧紧，在有振动的场所，螺钉上应加弹簧垫圈。

（2）多极接地和接地网络接地体之间的连接干线，如果需要提供接地线就应安装在如图 5 - 3 - 8 所示的地沟中，沟上应覆有沟盖，且应与地面平齐。若接地连接干线采用扁钢时，安装前应在扁钢宽面上预先钻好接线用的通孔，并在连接处镀锡。如不需要提供接地线，则应埋入地下 300 mm 左右，并在地面标出接地干线的走向和连接点的位置，便于检查修理。埋入地下的连接点，尽量采用电焊接。

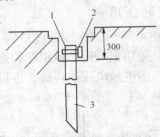

图 5 - 3 - 8   接地体连接干线沟（单位：mm）

1. 接地体连接干线沟   2. 接地干线   3. 接地体

（3）公用配电变压器的接地干线与接地体的连接点如图 5 - 3 - 9 所示，埋入地下 100 ~ 200 mm。在接地线引出地面 2 ~ 2.5 m 处断开，再用螺钉重新压接牢固。

（4）接地干线明敷设时，除连接处外，均应涂黑色标明。在穿越墙壁或楼板时应穿管加以保护。在可能受到机械力而使之损坏的地方，应加防护罩保护。敷设室内接地干线采用扁钢时，可按图 5 - 3 - 10 用支持卡子沿墙敷设，它与地面的距离约为 200 mm，与墙的距离约为 15 mm。若采用多股电线连接，应采用如图 5 - 3 - 11 所示的接线耳，不许把头直接弯曲压接在螺钉上。

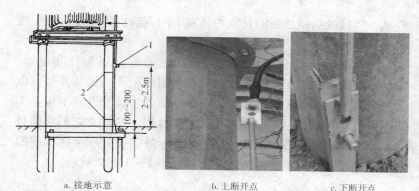

a. 接地示意　　　　　　　b. 上断开点　　　　　　c. 下断开点

图 5－3－9　配电变压器的接地干线与连接体的连接点（单位：mm）

1. 断开点　2. 绑扎铁丝

在有振动的地方，还要加弹簧垫圈。

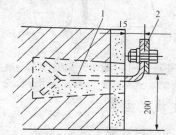

图 5－3－10　接地干线沿墙敷设（单位：mm）

1. 支持卡子　2. 接地扁钢

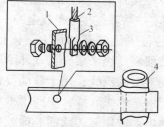

图 5－3－11　接地干线用多股电线连接的方法

1. 接地体连接干线　2. 多股导线　3. 接线耳　4. 接地干线

（5）用扁钢或圆钢做接地干线并需要接长时，必须采用电焊接，焊接处扁钢搭头的长度为其宽度的 2 倍；圆钢搭头的长度为其直径的 6 倍。

（6）接地干线也可以利用环境中已有的金属构件和设施，如吊车、行车轨道、大型机床床身、金属屋架、电梯竖井架、电缆的金属外皮和各种无可燃、无可爆物质的金属管道（不包括明线管道）等。利用这些金属体作为接地线时，应注意它们必须具有良好的导电连续性。因此，必须在管子的连接处或金属构架的连接处做过渡性的电连接。连接方法如图 5 – 3 – 12 所示。

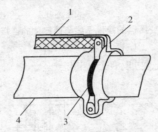

图 5 – 3 – 12　金属管道的过渡性连接
1. 接地线　2. 金属包箍　3. 跨接导线　4. 金属管道

（三）接地支线的安装

接地支线的安装应遵守如下规定：

（1）每一台设备的接地点必须用一根接地支线与接地干线单独连接。不允许用一根接地支线把几台设备的接地点串联起来，也不允许将几根接地支线并联在接地干线上的一个连接点上。

（2）在室内容易被人体触及的地方，接地支线要采用多股绝缘线。在连接处必须恢复绝缘层。在室外不易被人体触及的地方，接地支线要采用多股裸绞线；用于移动设备从插头至外壳处的接地支线，应采用铜芯绝缘软线，中间不得有接头，并和绝缘线一齐套入绝缘护套内。常用三芯或四芯橡胶护套电缆的黑色绝缘层导线作为接地支线。

（3）接地支线与接地干线或与设备接地点的连接，其线头要用接线耳，采用螺钉压接。在有振动的场所，螺钉上要加弹簧垫圈。

（4）固定敷设的接地支线需接长时，连接处必须处理好，铜芯线连接处要锡焊加固。

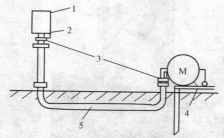

图 5 - 3 - 13　利用导线保护钢管作为接地线

1. 开关外壳　2. 接地点　3. 金属夹头　4. 接地干线　5. 导线保护钢管

（5）在电动机保护接地中，可利用电动机与控制开关之间的导线保护钢管作为控制开关外壳的接地线，其安装方法如图 5 - 3 - 13 所示。

（6）接地支线的每个连接处，都应置于明显部位，便于检修。

五、接地电阻的测量方法

用 ZC - 8 型接地电阻摇表测量接地电阻时，摇表及其附件如图 5 - 3 - 14 所示。

图 5 - 3 - 14　ZC - 8 型接地电阻摇表及其附件

测试方法如图 5 – 3 – 15 所示，操作步骤如下：

a.拆开接地干线与接地体的连接点　　　b.进行测试　　　c.操作接地电阻摇表

图 5 – 3 – 15　测试方法

（1）拆开接地干线与接地体的连接点，或拆开接地干线上所有接地支线的连接点。

（2）将一支测量接地棒插在离接地体 40 m 远的地下，另一支测量接地棒插在离接地体 20 m 远的地下，两个接地棒均垂直插入地面深 400 mm。

（3）将摇表放置在接地体附近平整的地方后接线。最短的连接线连接表上的接线桩 E 和接地体，最长的一根连接线连接表上的接线桩 O 和 40 m 处的接地棒，较短的一根连接线连接表上的接线桩 P—P 和 20 m 远的接地棒。

（4）根据被测接地体接地电阻的要求，调节好粗调旋钮（表上有三挡可调）。

（5）以 120 r/min 的转速均匀摇动手柄，当表头指针偏离中心时，边摇边调节细调拨盘，直到表针居中为止。

（6）以细调拨盘的读数乘以粗调定位的倍数，其结果就是被测接地体接地电阻的阻值。例如，细调拨盘的读数是 0.35，粗调定位的倍数是 10，则被测的接地电阻为 3.5 Ω。

为了保证所测接地电阻值的可靠性，应在测试完毕后移动两根接地棒，换一个方向进行复测。每一次测得的电阻值不会完全一致，可取几处测试值的平均值，确定最后的数值。

六、接地装置的维修

（一）定期检查和维护保养

（1）对工作接地装置每隔半年或一年复测一次，保护接地每隔一年或两年复测一次。接地电阻增大时，应及时修复，切不可勉强使用。

（2）对接地装置的每一个连接点，尤其是采用螺钉压接的连接点，应每隔半年或一年检查一次。连接点出现松动，必须及时拧紧。对采用电焊接的连接点，也应定期检查焊接是否完好。

（3）对接地线的每个支点，应进行定期检查，发现有松动脱落的，应及时固定。

（4）定期检查接地体和接地连接干线是否出现严重锈蚀，若有严重锈蚀，应立即修复或更换，不可勉强使用。

（二）常见故障的排除方法

（1）连接点松散或脱落：最容易出现松脱的有移动设备的接地支线与外壳（或插头）之间的连接处，以及铝芯接地线的连接处、具有振动的设备的接地连接处。发现连接点出现松散或脱落时，应及时重新接好。

（2）遗漏接地或接错位置：在设备进行维修或更换时，一般都要拆卸电源线头和接地线头，待重新安装设备时，往往会因疏忽而把接地线头漏接或接错位置。发现有漏接或接错位置时，应及时纠正。

（3）接地线局部电阻增大：常见的原因有连接点存在轻度松散，连接点的接触面存在氧化层或其他污垢，跨接过渡线松散等。一旦发现应及时拧紧压接螺钉或清除氧化层及污垢后接好。

（4）接地线的横截面积过小：通常是由于设备容量增加后的接地线没有相应更换所引起的，接地线应按规定做相应的更换。

（5）接地体的接地电阻增大：通常是由于接地体被严重腐蚀所引起的，也可能是接地体与接地线之间的接触不良所引起的。发现后应重新更换接地体，或重新把连接处接好。

第六章 交流异步电动机的安装与维修

电动机是一种将电能转换为机械能的动力设备，应用十分广泛。电动机按所需电源的不同可分为交流电动机和直流电动机。交流电动机按工作原理不同分为同步电动机和异步电动机。异步电动机应用最广泛，因为它具有结构简单、价格低廉、坚固耐用、使用维护方便等优点，但也有功率因数较低、调速困难等缺点。随着功率因数自动补偿、变频技术的发展和日益普及，异步电动机正在逐步取代直流电动机。

异步电动机又分为三相异步电动机和单相异步电动机。单相异步电动机功率小，多用于小型机械设备和家用电器；三相异步电动机功率较大，多用于工矿企业中。

第一节 三相异步电动机的种类及结构

一、三相异步电动机的种类

1. 根据防护形式分类

三相异步电动机根据防护形式可分为开启式、防护式、封闭式和防爆式，其外形、特点及使用场合如表 6 - 1 - 1 所示。

表 6 - 1 - 1　三相异步电动机根据防护形式的分类

结构形式	特点	适用场合
开启式	开启式电动机的定子两侧与端盖上都有很大的通风口，其散热条件好、价格便宜，但灰尘、水滴、铁屑等杂物容易从通风口进入电动机内部	适用于清洁、干燥的工作环境
防护式	防护式电动机在机座下面有通风口，散热较好，可防止水滴、铁屑等杂物从与垂直方向呈小于45的方向落入电动机内部，但不能防止潮气和灰尘的侵入	适用于比较干燥、少尘、无腐蚀性和爆炸性气体的工作环境
封闭式	封闭式电动机的机座和端盖上均无通风孔，是完全封闭的。这种电动机仅靠机座表面散热，散热条件不好	封闭式电动机多用于灰尘多、潮湿、易受风雨、有腐蚀性气体、易引起火灾等的各种较恶劣的工作环境。封闭式电动机能防止外部的气体或液体进入其内部，因此适用于在液体中工作的机械设备，如潜水泵
防爆式	防爆式电动机是在封闭式结构的基础上制成的防爆形式，机壳有足够的强度	适用于有易燃、易爆气体的工作环境，如有瓦斯的煤矿井下、油库、煤气站等

2. 根据转子形式分类

三相异步电动机根据转子形式可分为笼型电动机和绕线型电动机。其外形、特点及使用场合如表 6 - 1 - 2 所示。

表 6 - 1 - 2　三相异步电动机根据转子形式的分类

结构形式		特点	适用场合
笼型	普通笼型 	机械特性硬，启动转矩不大，调速时需要调速设备	适用于调速性能要求不高的各种机床、水泵、通风机（与变频器配合使用可方便地实现电动机的无级调速）
	高启动转矩笼型（多速） 	启动转矩大，有多挡转速（2 ~4 速）	适用于带冲击性负载的机械，如剪床、冲床、锻压机；静止负载或惯性负载较大的机械，如压缩机、粉碎机、小型起重机；要求有级调速的机床、电梯、冷却塔等
绕线型		机械特性硬（转子串联电阻后变软）、启动转矩大、调速方法多、调速性能和启动性能好	适用于要求有一定调速范围及调速性能较好的机械，如桥式起重机；启动、制动频繁且对启动、制动转矩要求高的生产机械，如起重机、矿井提升机、压缩机、不可逆轧钢机

二、三相异步电动机的结构

三相异步电动机的种类很多，但各类三相异步电动机的基本结构是相同的，都是由定子和转子这两大基本部分组成的，在定子和转子之间具有一定的气隙。此外，还有端盖、轴承、接线盒、吊环等其他附件，如图 6 - 1 - 1 所示。

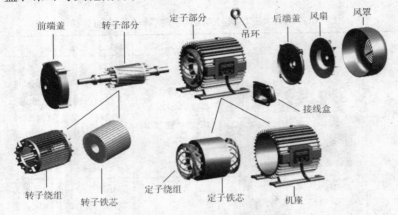

图 6 - 1 - 1　三相异步电动机的主要结构示意

（一）定子

三相异步电动机的定子是用来产生旋转磁场的，是将三相电能转化为磁能的环节。三相电动机的定子一般由机座、定子铁芯、定子绕组等部分组成。

1. 定子铁芯　定子铁芯是电动机磁路的一部分，由 0.35～0.5 mm 厚的表面涂有绝缘漆的薄硅钢片（定子冲片）叠压而成。由于硅钢片较薄而且片与片之间是绝缘的，所以减少了因交变磁通通过而引起的铁芯涡流损耗。铁芯内圆有均匀分布的槽口，用来嵌放定子绕圈。定子铁芯如图 6 - 1 - 2 所示。

2. 定子绕组　定子绕组如图 6 - 1 - 3 所示，三相电动机有三相绕组，通入三相对称电流时，就会产生旋转磁场。线圈由绝缘铜导线或绝缘铝导线绕制。中、小型三相电动机多采用圆漆包线，大、中型三相电动机的定子线圈则用较大横截面积的绝缘扁铜线或扁铝线绕制而成。

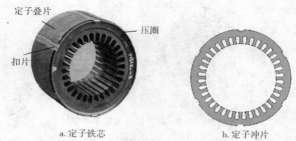

a.定子铁芯　　　　　b.定子冲片

图6-1-2　定子铁芯与定子冲片

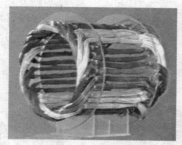

图6-1-3　定子绕组

图6-1-4　三相电动机的机座

3. 机座　三相电动机的机座如图6-1-4所示。它由铸铁或铸钢浇铸成形（一般都铸有散热片），其主要作用是保护和固定三相电动机的定子绕组。

（二）转子

三相异步电动机的转子是将旋转磁能转化为转子导体上的电势能，并最终转化为机械能的环节，主要由转子铁芯、转子绕组与转轴组成。

1. 转子铁芯　转子铁芯如图6-1-5所示。转子铁芯一方面作为电动机磁路的一部分，一方面用来安放转子绕组，是用0.5 mm厚的硅钢片（转子冲片）叠压而成，套在转轴上。

2. 转子绕组

（1）笼型转子绕组：笼型转子绕组如图6-1-6所示。转子

a.转子冲片 　　　　b.转子铁芯

图6-1-5　转子冲片与转子铁芯

上的铝条或铜条导体切割旋转磁场相互作用产生电磁转矩。笼型绕组是在转子铁芯的每一个槽中插入一根铜条，在铜条两端各用一个铜环（称为端环）把铜条连接起来，称为铜排转子。也可用铸铝的方法，把转子导条和端环风扇叶片用铝液一次浇铸而成。100 kW 以下异步电动机一般采用铸铝转子。

a.转子实物　　　　b.铸铝转子绕组结构　　c.铜条转子绕组结构

图6-1-6　笼型转子绕组

（2）绕线型转子绕组：绕线型转子绕组如图6-1-7所示。它与定子绕组一样也是一个三相绕组，一般接成星形，三相引出线分别接到转轴上的三个与转轴绝缘的集电环上，通过电刷装置与外电路相连。其作用有两个方面：一是转子回路是通过滑环才能闭合，使得转子切割旋转磁场时绕组中产生电动势，在该闭合回路形成电流，从而使转子产生电磁转矩；另一方面是在转子电路中串联电阻或电动势以改善电动机的运行性能。

3. 转轴　它由碳钢或合金钢制成，以传递动力。

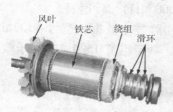
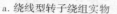

a.绕线型转子绕组实物　　　　b.电刷支架　　　c.滑环

图6－1－7　绕线型转子绕组

（三）其他附件

1. 端盖　端盖除了起防护作用外，在端盖上还装有轴承，用以支撑转子轴。端盖是用铸铁或铸钢浇铸成形。

2. 轴承　连接转动与不动部分时一般采用滚动轴承。

3. 轴承盖　轴承盖用来固定转子，使转子不能轴向移动，另外还有存放润滑油和保护轴承的作用。轴承盖采用铸铁或铸钢浇铸成形。

4. 风扇　风扇用铝材或塑料制成，起冷却作用。

5. 接线盒　接线盒用来保护和固定绕组的引出线端子，采用铸铁浇铸而成。

6. 吊环　吊环用铸钢制造，安装在机座的上端用来起吊、搬抬三相电动机。吊环孔还可以用来测量温度。

第二节　三相异步电动机的安装

一、三相异步电动机的安装准备

（一）安装场地及各种所需工具准备

1. 电工工具　电工工具包括试电笔、一字形和十字形螺丝旋具、钢丝钳、尖嘴钳、斜口钳、剥线钳、电工刀等。

2. 仪表　仪表有 MF30 万用表或 MF47 万用表、T301—A 型钳形电流表、兆欧表（500 V、0 ~ 2 000 MΩ）、转速表。

3. 三相异步电动机　电动机的铭牌技术数据：型号 Y132M
－4、功率 7. 5 kW、额定电压 380 V、额定电流 15. 4 A、定子绕
组为△接法、额定转速 1 460 r/min。

4. 安装、接线及试验用的专用工具

5. 材料准备

（1）配电板 1 块（100 mm×200 mm×20 mm）。

（2）依据电动机容量，动力线采用 BVR16 mm^2（红色）多
股软塑料铜线，接地线采用 BVR10 mm^2（黄绿色）多股软塑料
铜线，其数量按需要而定。

（3）自动空气开关的型号和规格为 DZ10 – 250/330，1 只。

（4）无缝钢管的型号和规格自定，长度自定。应注意的是，
安装前无缝钢管根据现场情况已弯曲好。

（5）其他材料如绝缘黑色胶布、演草纸、圆珠笔、螺钉、
垫圈、劳保用品等，按需而定。

（二）安装地点选择

一般电动机的安装地点选择在干燥、通风好、无腐蚀气体侵
害的地方。

（三）电动机的底座、座墩和地脚螺栓制作

1. 电动机的底座、座墩的制作　电动机的座墩有两种安装
形式：一种是直接安装座墩，另一种是槽轨安装座墩。座墩高度
一般应高出地面 150 mm，具体高度要按电动机的规格、传动方
式和安装条件等决定。座墩的长与宽大约等于电动机机座底尺寸
加 150 mm。如图 6 – 2 – 1a 所示。

2. 地脚螺栓制作　地脚螺栓选用六角头螺栓，首先用钢锯
在六角螺栓上锯一条 25 ~ 40 mm 的缝，再用钢凿把它分成人字
形，依据电动机机座尺寸埋入水泥墩里面。如图 6 – 2 – 1b 所示。

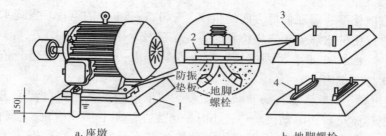

a.座墩　　　　　　　　　　　　　　　　b.地脚螺栓

图6-2-1　底座和座墩（单位：mm）

1. 水泥墩　2. 机座　3. 固定的地脚螺栓　4. 活动的地脚螺栓

二、三相异步电动机的安装步骤

（一）安装电动机

1. 电动机与座墩的安装

（1）将电动机与座墩之间衬垫一层质地坚韧的木板或硬橡皮的防振物。

（2）用起重设备将电动机吊到座墩上，如图6-2-2所示。

图6-2-2　吊电动机到座墩

图6-2-3　电动机的水平校正

2. 用水平仪校正水平

（1）电动机的水平校正，一般将水平仪放在转轴上，对电动机纵向、横向进行检查，并用0.5~5 mm厚的钢片垫在机座下，来调整电动机的水平。如图6-2-3所示。

注意：若水平仪上的水平尺中的水珠往某方向偏，则表明某方向偏高，需在偏低方向的机座下垫 0.5~5 mm 的钢片。发现水平尺中的水珠处于正中位置时，说明已校水平。

（2）在四个紧固螺栓上套上弹簧垫圈，按对角线交错、依次拧紧螺帽。

3. 小型电动机的槽轨安装法　如果电动机在使用过程中需要调整位置，电动机功率较小时，可先在基座上预埋槽轨，槽轨的支脚深埋在基座下固定，电动机安装在槽轨上。这种安装方式，可以方便电动机在安装时进行必要的校正或调整。如图 6-2-4 所示。

图 6-2-4　小型电动机的槽轨安装法

（二）安装电动机的传动装置

1. 带传动装置的安装与校正

（1）安装要求：

1）电动机机座与底座之间垫衬的防振物不可太厚，否则要影响两个皮带轮的间距。特别是三角带带轮，更是如此。

2）两个皮带轮的直径大小必须配套。

3）两个皮带轮要装在一条直线上，两轴要装得平行。

4）塔形三角皮带轮必须装得一正一反，否则不能进行调速。

5）平皮带的接头必须正确，皮带扣的正反面不应接错。

（2）皮带安装与校正：平皮带装上带轮时，应按照图 6-2-5 的方法进行安装。

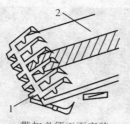 

a. 带扣必须正面安装　　　b. 带的正面应装在外面

图 6 - 2 - 5　平皮带的安装

1. 带扣的正面　2. 带的正面

皮带宽度中心线的调整方法如图 6 - 2 - 6 所示。

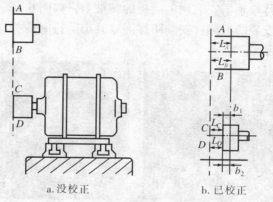

a. 没校正　　　　　　　b. 已校正

图 6 - 2 - 6　皮带轮宽度中心线的调整

1）如两个皮带轮宽度相等，可按图 6 - 2 - 6a 所示的方法，用一根弦线拉紧并紧靠两个带轮的端面，弦线如均匀接触 A、B、C、D 四点，则说明已将带轮调整好。

2）如两个皮带轮宽度不相等，可先用划针画出它们的中心线，然后拉直一根弦线，一端紧靠带轮 A、B 两点轮缘上，如图 6 - 2 - 6b 中虚线所示，再在 C 和 D 点用钢尺测量出 L_C 和 L_D，应使 $L_C + b_1 = L_D + b_2$。

2. 联轴器传动装置的安装与校正

（1）将弹性联轴器安装在转动机械的轴上，如图 6 - 2 - 7 所示。

图6-2-7　将弹性联轴器安装在转动
　　　　　机械的轴上

图6-2-8　将联轴器安装到电动
　　　　　机的转轴上

（2）将联轴器安装到电动机的转轴上，如图6-2-8所示。

（3）安装防振圈：安装防振圈以减小运行时的振动，如图6-2-9所示。

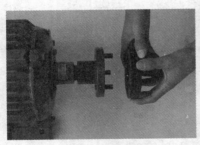

图6-2-9　安装防振圈

图6-2-10　把电动机移近连接处联轴

（4）联轴：把电动机移近连接处进行联轴，如图6-2-10所示。联轴器在安装时，先把两片联轴器分别装在电动机和机械的轴上，不同的联轴器可以采用不同的装配方法。对于低速和小型联轴器的装配，可采用动力压入法，通常用木锤敲打的方法，通过垫放的木块或其他软材料作缓冲件，依靠木锤的冲击力，把联轴器敲入。

（5）电动机预固定：如图6-2-11所示。当两轴相对处于一条直线上时，先初步拧紧电动机的机座地脚螺栓，但不要拧得太紧，待传动中心线校正后再拧紧。

图 6 - 2 - 11   电动机预固定

图 6 - 2 - 12   联轴器传动的中心线校正

（6）联轴器传动的中心线校正：校正时，首先将钢板尺搁在两个半联轴器的上侧面，查看联轴器转动时是否有高低不一致的现象，如图 6 - 2 - 12 所示。钢板尺在两联轴器上要靠得很紧密，应观察不到它与联轴器的外圆有缝隙。然后用手转动电动机侧的半联轴器，每转动 90°用尺子靠一次，若靠 4 次结果均相同，说明两侧轴线已经重合，中心线已经校准。校正后锁紧螺栓。

三、三相异步电动机的接线方式

根据电动机的铭牌进行接线，Y 连接的电动机接线盒上的出线如图 6 - 2 - 13 所示，将接线盒中三相绕组尾端 U_2、V_2、W_2 接线端短接，再将首端 U_1、V_1、W_1 分别接三相电源的 L_1、L_2、L_3，即构成 Y 接法。

定子绕组的△接法如图 6 - 2 - 14 所示。将接线盒中三相绕组的 U_1 与 W_2、V_1 与 U_2、W_1 与 V_2 接线端短接，再将 U_1、V_1、W_1 首端分别接三相电源的 L_1、L_2、L_3，即构成△接法。这时每相绕组两端的电压等于线电压。

为了安全一定要将电动机的接地线接好、接牢，应将电源线的接地线接在电动机接线盒内的接地专用接线柱上，如图 6 - 2 - 15 所示。

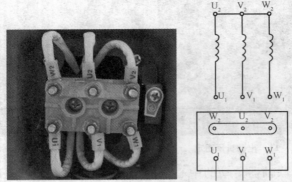

图 6 - 2 - 13　Y 连接的电动机接线盒上的出线

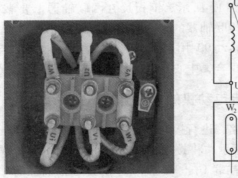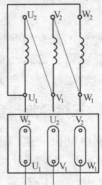

图 6 - 2 - 14　定子绕组的△接法

图 6 - 2 - 15　接地线与电动机的连接

四、安装电动机的控制保护装置

（一）　电动机对控制保护装置的要求

（1）每台电动机必须配备一套能单独进行操作控制的控制开关和单独进行短路及过载保护的保护电器。

（2）使用的开关设备应结构完整、功能齐全。

（3）开关及保护装置的标牌应清晰，分断标志明显，安全可靠。

（4）开关设备的选用应符合要求。

（二）　电动机的操作开关及熔断器的安装

（1）电动机的操作开关必须安装在合适的位置，以保证在操作时能监视到电动机的启动和被拖动机械的运转情况，通常是安装在电动机的右侧。

（2）依据电动机容量的大小，选择适当的操作开关（自动空气开关、闸刀开关、铁壳开关等）垂直安装在配电板上。自动空气开关倾斜度不大于5°。

（3）小型电动机在不频繁操作、不换向、不变速时，只用一个开关。

（4）开关需要频繁操作时，或需要进行换向和变速操作时，必须装两个开关，前一级开关作为控制电源用，称为控制开关，常用的控制开关有低压断路器、铁壳开关和转换开关。

（5）凡无明显分断点的开关，必须装两个开关，即前一级装一个有明显分断点的开关，如刀开关、转换开关等。凡容易产生误动作的开关，如手柄倒顺开关、按钮等，也必须在前一级加装控制开关，以防开关误动作而造成事故。

（6）安装熔断器时，必须将其与开关装在同一控制板上或同一控制箱内。凡作为保护用的熔断器，必须装在控制开关的后级和操作开关（包括启动开关）的前级。三相回路分别串联安装的熔丝规格、型号应相同，并安装在三根相线上。

（7）用低压断路器作为控制开关时，应在低压断路器的前一级加装一道熔断器用于双重保护。当热脱扣器失灵时，熔断器起保护作用，同时兼作隔离开关之用，以便维修时切断电源。

（8）采用倒顺开关和电磁启动器操作时，前级用分断点明显的组合开关作为控制开关（一般机床的电气控制常用这种形式），必须在两极开关之间安装熔断器。

（三）电压表和电流表的安装

对于大中型和要求较高的电动机，为了便于监测，电压表和电流表的安装方法如图 6 – 2 – 16 所示。电压表通常只安装一个，通过换相开关进行换相测量，量程为 400 V；要求较高的电路应在各相都串联一个电流表；一般要求的电路可在第二相串联一个电流表，其量程应大于额定电流的 2 ~ 3 倍，以保证启动电流通过。

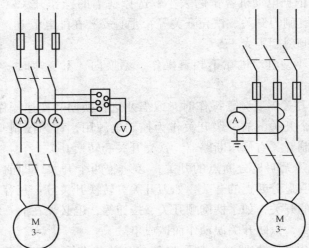

图 6 – 2 – 16　电压表和电流表的接线　图 6 – 2 – 17　电流互感器和电流表的接线

电动机额定电流较大时，通常采用电流互感器测量，电流互感器的规格也应大于电动机额定电流的 2 ~ 3 倍。接线方法如图 6 - 2 - 17 所示。

（四）导线的敷设

（1）导线的选择：电动机连接线的横截面积应满足载流量 的需求，铜芯线的最小横截面积不得小于 1 mm²，铝芯线的最小 横截面积不得小于 2.5 mm²。

（2）导线的敷设形式及要求：从电动机到自动空气开关之 间的导线敷设，常采用以下两种形式，一种是地下管敷设，另一 种是明管敷设。目前一般采用地下管敷设。采用地下管敷设时， 应使连接电动机一段导线的管口离地面不得小于 100 mm，并应 使它尽量接近电动机的接线盒。另一端尽量接近电动机的操作开 关，最好用软管伸入接线盒。

五、三相异步电动机的运行与维护

（一）测空载电流

当交流电动机空载时，用钳形表测量三相空载电流是否平 衡。同时观察电动机是否有杂声、振动及其他较大的噪声，如果 有，应立即停车，进行检查。如图 6 - 2 - 18 所示。

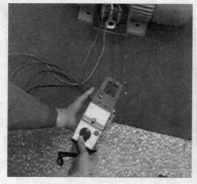

图 6 - 2 - 18　测量交流电动机的空载电流　　图 6 - 2 - 19　测量电动机的转速

（二）测量电动机的转速

一般用转速表测量电动机的转速，并与电动机的额定转速进行比较，方法如图 6 - 2 - 19 所示。

（三）注意事项

人力搬运小型电动机时，不允许用绳子套在电动机的皮带盘或转轴上来抬电动机。

（1）校正电动机的水平时，不能用木板或竹片来垫，以免拧紧螺栓或电动机运行时压裂变形，影响安装的准确性。

（2）对齿轮传动装置的安装和校正时，所装齿轮要与电动机配套，齿轮安装后，电动机的轴应与被动轮的轴平行，两齿轮的啮合可用塞尺测量两齿轮的间隙，如间隙均匀，说明两轴已平行。

（3）用转速表测量电动机的转速时一定要注意安全。

第三节　三相异步电动机的拆装

一、三相异步电动机的拆卸

本文以 Y112M - 4 型三相异步电动机为例，讲述三相异步电动机的拆装步骤。

（一）拆卸前的准备

1. 工具及其他准备　拆卸前要清理好拆卸场地，并摆放好各种拆卸、安装、接线与调试所需的各种工具，断开电源，拆卸电动机与电源线的连接线，并对电源线头做好绝缘处理。拆装时需要配助手一名。

（1）电工工具：试电笔、一字形和十字形螺丝旋具、钢丝钳、尖嘴钳、斜口钳、剥线钳、电工刀等。

（2）仪表：MF30 万用表或 MF47 万用表、T301 - A 型钳形电流表、兆欧表（500 V、0～2 000 MΩ）、转速表。

（3）三相异步电动机：

1）按实际的情况将电动机安装在现场，电动机轴带有联轴器。

2）三相异步电动机的铭牌技术数据如下：型号为 Y112M - 4，功率为 4 kW，额定电压为 380 V，额定电流为 8.8 A，定子绕组为 △ 接法，额定转速为 1 440 r/min。

（4）拆装、接线、调试的专用工具。

（5）其他：汽油、刷子、干布、绝缘黑色胶布、演草纸、圆珠笔、劳保用品等，按需而定。

2. 做好记录或标记

（1）在皮带轮或联轴器的轴伸端做好定位标记，测量并记录联轴器或皮带轮与轴台间的距离。如图 6 - 3 - 1 所示。

图 6 - 3 - 1　做好定位标记　　　　图 6 - 3 - 2　给电动机做标记

（2）在电动机机座与端盖的接缝处做好标记，如图 6 - 3 - 2 所示。

（3）在电动机的轴伸方向及引出线在机座上的出口方向做好标记。

（二）拆卸皮带轮或联轴器

装上拉具的丝杠顶端要对准电动机轴端的中心，使其受力均匀。转动丝杠,把带轮或联轴器慢慢拉出。如拉不出,不要硬卸,可在定位螺丝内注入煤油,过一段时间再拉。如图6-3-3所示。注意,此过程中不能用手锤直接敲出带轮或联轴器,否则会使带轮或联轴器发生碎裂、转轴变形或端盖受损等。

图6-3-3 拆卸皮带轮　　　　图6-3-4 拆卸键楔

（三）拆卸键楔

用合适的工具将固定皮带轮（或联轴器）的键楔拆下,如图6-3-4所示。

（四）拆卸风罩和风叶

首先,把外风罩螺钉松脱,取下风罩,如图6-3-5所示。然后把转轴尾部风叶上的定位螺栓或卡簧松脱、取下。用金属棒或手锤在风叶四周均匀地轻敲,风叶就可松脱下来。

图6-3-5 拆卸风罩　　　　图6-3-6 拆卸风叶定位卡簧

注意事项：

（1）拆卸风叶的定位卡簧要用专用的卡簧钳，如图 6 - 3 - 6 所示。

（2）小型异步电动机的风叶一般不用卸下，可随转子一起抽出。但如果后端盖内的轴承需要加油或更换时，就必须拆卸风叶。对于采用塑料风叶的电动机，可用热水使塑料风叶膨胀后卸下。

（五）拆卸端盖螺钉

（1）选择适当扳手，逐步松开前端盖的紧固对角螺栓，用紫铜棒均匀敲打端盖有脐的部分，如图 6 - 3 - 7 所示。

图 6 - 3 - 7　拆卸前端盖螺钉　　图 6 - 3 - 8　拆卸后端盖螺钉

（2）在后端盖与机座之间打好记号后，拆卸后端盖螺钉，如图 6 - 3 - 8 所示。注意拆卸时，要防止端盖跌碎或碰伤绕组。

（六）拆卸后端盖

用木锤敲打轴伸端，使后端盖脱离机座，如图 6 - 3 - 9 所示。当后端盖稍微与机座脱开，即可把后端盖连同转子一起抬出机座，如图 6 - 3 - 10 所示。

注意事项：

（1）不能用手锤直接敲打电动机的任何部位，只能用紫铜棒在垫好木块后敲击，或直接用木棰敲打。

（2）抽出转子或安装转子时动作要小心，一边送一边接，不可擦伤定子绕组。

（3）对于质量较大的电动机，抽出转子时要用钢丝绳套住转子两端的轴颈，在钢丝绳与轴颈间衬一层纸板或棉纱头；当转子的重心已移出定子时，在定子与转子的间隙塞入纸板垫衬，并在转子移出的轴端垫以支架或木块；然后将钢丝绳吊住转子，慢慢将转子抽出。注意不要将钢丝绳吊在铁芯风道里，同时在钢丝绳和转子间垫衬纸板。

图6-3-9　木锤敲打轴伸端

图6-3-10　抽出端子

（七）拆卸前端盖

用硬杂木条从后端伸入，顶住前端盖的内部敲打，松动后，用双手轻轻地将前端盖取下，如图6-3-11所示。

a. 松动前端盖

b. 取下前端盖

图6-3-11　拆卸前端盖

（八）取下后端盖

用木锤均匀敲打后端盖的四周，即可取下后端盖，如图6-3-12所示。

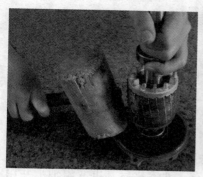

图 6 - 3 - 12 取下后端盖

图 6 - 3 - 13 拆卸轴承

（九）拆卸轴承

根据轴承的规格和型号，选择适当的拉具。拉具的脚爪应紧扣轴承内圈，拉具的丝杆顶点要对准转子的中心，缓慢匀速地扳动丝杠，将轴承慢慢拉出。如图 6 - 3 - 13 所示。

（十）清洗和装配轴承

首先应检查轴承质量，如图 6 - 3 - 14 所示。如果质量不好，按既定规格型号更换。反之，若轴承未损坏，可清洗后继续使用，如图 6 - 3 - 15 所示。

图 6 - 3 - 14 检查轴承质量

图 6 - 3 - 15 清洗轴承

二、三相异步电动机的装配

（一）安装轴承

将轴承孔腔内按标注加入润滑脂，用敲打法将轴承再装入轴上，如图 6 - 3 - 16 所示。

注意事项：

（1）如果不需要更换轴承，可将轴承用汽油清洗干净，再用清洁的布擦干。如果需要更换轴承，应将新轴承放置在 70 ~ 80 ℃的变压器油中加热 5 min 左右，油熔化后，再取出轴承并用汽油清洗干净，用清洁的布擦干。

（2）对于 2 极电动机，加入的新润滑脂量应为轴承空腔容积的 1/3 ~ 1/2，对于 4 极或 4 极以上电动机，加入的新润滑脂量应为轴承空腔容积的 2/3，轴承内、外盖加入的新润滑脂量应为轴承盖内容积的 1/3 ~ 1/2。新润滑脂要求洁净、无杂质、无水分。加入时，要求填入均匀，同时防止外界的灰尘、水和铁屑等异物落入。

（3）用紫铜棒将轴承压入轴颈，要注意使轴承内圈受力均匀，切勿总是敲击一边，或只敲轴承外圈。

图 6 - 3 - 16　安装轴承

（二）在转子上安装后端盖

用木锤均匀敲打后端盖四周，即可将后端盖装在转子上，如

图 6 - 3 - 17 所示。

图 6 - 3 - 17 在转子上安装后端盖

图 6 - 3 - 18 安装转子

（三）安装转子

安装转子时要用手托住转子慢慢移入，如图 6 - 3 - 18 所示。安装转子时动作要小心，一边送一边接，不可擦伤定子绕组。

（四）安装后端盖

用木锤小心地敲打后端盖的三个耳朵，使螺丝孔对准标记，并用螺栓固定后端盖，如图 6 - 3 - 19 所示。固定后端盖时，旋上后端盖螺栓，但不要拧紧，以便固定前端盖后调整。

图 6 - 3 - 19 安装后端盖

图 6 - 3 - 20 安装前端盖

（五）安装前端盖

用木锤均匀敲打前端盖四周，并调整至对准标记，调整的方法同安装后端盖。用螺栓固定前端盖，如图 6－3－20 所示。电动机装配后，要检查转子转动是否灵活，有无卡阻现象，然后紧固好前、后端盖螺栓。

（六）安装风叶

用木锤敲打风叶，用弹簧卡钳安装卡簧，如图 6－3－21 所示。

a   b

图 6－3－21　安装风扇

（七）安装风罩

风罩的安装如图 6－3－22 所示。安装时将风罩上的螺丝孔与机座上的螺母对准并将螺拧紧即可。

图 6－3－22　风罩的安装　　　　图 6－3－23　键楔的安装

（八）安装键楔

键楔的安装如图6-3-23所示，安装时用木锤轻轻地敲打键楔，使其进入键槽。

（九）安装联轴器（皮带轮）

将联轴器（皮带轮）的键楔对准键槽，并用木锤敲击进行安装，如图6-3-24所示。

图6-3-24　安装联轴器（皮带轮）

（十）接线与测试

（1）将电动机定子绕组的六个线头拆开，用兆欧表测量电动机定子绕组各相及相与地之间的电阻。

（2）根据电动机的铭牌技术数据（如电压、电流和接线方式等）进行接线。为了安全，一定要将电动机的接地线接好、接牢。

（3）测量电动机的空载电流：空载时，测量三相空载电流是否平衡，同时观察电动机是否有杂声、振动及其他较大噪声，如果有应立即停车，进行检修。

（4）测量电动机转速：用转速表测量电动机的转速，并与电动机的额定转速进行比较。

第四节　三相异步电动机的检修与故障排除

一、三相异步电动机的检修

(一) 三相异步电动机的检查

检查电动机时，一般应按"先外后里、先机后电、先听后检"的顺序，即先检查电动机的外部是否有故障，后检查电动机内部；先检查机械部分，再检查电气部分；先听使用者介绍使用情况和故障情况，再动手检查。这样才能正确迅速地找出故障原因。

在对电动机外观、绝缘电阻、电动机外部接线等项目进行详细检查时，如未发现异常情况，可对电动机做进一步的通电试验：将三相低电压（30% U_N）通入电动机三相绕组并逐步升高，当发现声音不正常，有异味或转不动时，立即断电检查。如未发现问题，可测量三相电流是否平衡。如不平衡，则电流大的一相可能发生绕组短路，电流小的一相的多路并联绕组中的支路可能断路。若三相电流平衡，可使电动机继续运行 1～2 h，随时用手检查铁芯部位及轴承端盖，发现烫手应立即停车检查。如线圈过热，则是绕组短路；如铁芯过热，则是绕组匝数不够，或铁芯硅钢片间的绝缘损坏。以上检查均在电动机空载下进行。

通过上述检查，若确认电动机内部有问题，就可按照异步电动机的拆卸步骤拆开电动机做进一步检查，如表 6-4-1 所示。

表 6-4-1　电动机的检查

检查部位	检查方法和内容
检查绕组部分	查看绕组端部有无积尘和油垢，绕组绝缘、接线及引出线有无损伤或烧伤。若有烧伤，烧伤处的颜色会变成暗黑色或烧焦，有焦臭味。再查看导线是否烧断和绕组的焊接处有无脱焊、虚焊现象

检查部位	检查方法和内容
检查铁芯部分	查看转子、定子表面有无擦伤的痕迹。若转子表面只有一处擦伤，这大都是由于转子弯曲或转子不平衡造成的；若转子表面一周全部有擦伤的痕迹，定子表面只有一处伤痕，则是由于定子、转子不同心造成的，造成不同心的原因是机座或端盖止口变形或轴承严重磨损使转子下落；若定子、转子表面均有局部擦伤痕迹，则是由上述两种原因共同引起的
检查轴承部分	查看轴承的内、外套与轴颈和轴承室配合是否合适，同时也要检查轴承的磨损情况
检查其他部分	查看风叶是否损坏或变形，转子端环有无裂痕或断裂，再用短路测试器检查导条有无断裂

（二）定子绕组的故障检修

常见的定子绕组故障有绕组断路、绕组接地、绕组短路及绕组接错或嵌反等。

1. 绕组接地的检修　电动机定子与铁芯或机壳间因绝缘损坏而相碰，称为接地故障。造成这种故障的原因有受潮、雷击、过热、机械损伤、腐蚀、绝缘老化、铁芯松动或有尖刺，以及绕组制造工艺不良等。绕组接地的检查如表6-4-2所示。

表6-4-2　绕组接地的检查

检查方法	检查内容
用兆欧表检查	将兆欧表的两个出线端分别与电动机的绕组和机壳相连，以120 r/min的速度摇动兆欧表手柄，若所测的绝缘电阻值在0.5 MΩ以上，说明被测电动机绝缘良好；若所测的绝缘电阻值在0.5 MΩ以下或接近零，说明电动机绕组已受潮，或绕组绝缘很差；如果被测绝缘电阻值为0，同时有的接地点还会发出放电声或出现微弱的放电现象，则表明绕组已接地；若有时指针摇摆不定，说明绝缘已被击穿

检查方法	检查和内容
用校验灯检查	拆开各绕组间的连接线，用36 V灯泡与36 V电压串联，逐一检查各相绕组与机座的绝缘情况。若灯泡发亮，说明该绕组接地；若灯泡不亮，说明绕组绝缘良好；灯泡微亮，说明绕组已被击穿

针对不同故障的处理方法为：如果接地点在槽口或槽底接口处，可用绝缘材料垫入线圈的接地处，再检查故障是否已经排除，如已排除则可在该处涂上绝缘漆，再进行烘干处理。如果故障在槽内，则需更换绕组或用穿绕修补法进行修复。

2. 绕组绝缘电阻很低的检修　可将该绕组的表面擦抹及吹刷干净，然后放在烘箱内慢慢烘干，当烘到绝缘电阻升至0.5 MΩ以上时，再给绕组浇一层绝缘漆，并重新烘干，以防回潮。

3. 绕组断路的检修　电动机定子绕组内部连接线、引出线等断开或接头处松脱所造成的故障称为绕组断路故障。这类故障多发生在绕组端部的槽口处，检查时可先检查各绕组的连接线和引出头处有无烧损、焊点松脱和熔化现象。

（1）绕组断路的检查：绕组断路的检查如表6-4-3所示。

表 6 - 4 - 3　绕组断路的检查

检查方法	检查内容
用万用表检查	将万用表置于 $R \times 1\Omega$ 或 $R \times 10\Omega$ 挡上，分别测量三相绕组的直流电阻值。对于单线绕制的定子绕组，电阻值为无穷大或接近无穷大时，说明该相绕组断路。若无法判定断路点时，可在该绕组中间一半的连接点处剖开绝缘，进行分段测试，如此逐段缩小故障范围，最后找出故障点
用校验灯检查	使用校验灯时将小灯泡与干电池串联在一起，将灯一端与某相绕组的首端接上，另一端与此绕组的尾端接上。如果灯亮，表示此相绕组无断路；灯灭，表示电路不通，有断路存在 采用校验灯检查时，对于 △ 连接，绕组应拆开一个端口，这样才能测出各相的断路；对于 Y 连接，绕组可以直接测试。另外，两根以上并绕的绕组，如果只断开一根导线，用此测试方法不易检查出断路，这时应采用电桥法测量每相绕组的直流电阻。如果有一相的测得值偏大且大于其他相直流电阻的2%，可能这一相绕组的并联导线有断路

a. 并联Y连接　　　　　　b. 并联△连接

a. Y连接　　　　　　b. △连接

续表

检查方法	检查内容
用电桥检查	如电动机功率稍大，其定子绕组由多路并绕而成，当其中一相发生故障时，用万用表和校验灯则难以判断，此时需要用电桥分别测量各相绕组的直流电阻。断路相绕组的直流电阻明显大于其他相，可参照上述的办法逐步缩小故障范围，最后找出故障点

（2）修理：

1）局部补修。若断路点在端部、接头处，可将其重新接好焊好，包好绝缘层并刷漆即可。如果原导线不够长，可加一小段同线径的导线后绞接再焊。

2）更换绕组或穿绕修补。定子绕组发生故障后，若经检查发现仅个别线圈损坏并需要更换，为了避免将其他的线圈从槽内翻起而受损，可以用穿绕法修补。穿绕时先将绕组加热到 80 ~ 100℃，使绕组的绝缘软化，然后把损坏线圈的槽楔敲出，并把损坏线圈的两端剪断，将导线从槽内逐根抽出。原来的槽绝缘可以不动，另外用一层 6520 聚酯薄绝缘纸卷成圆筒，塞进槽内；然后用与原来的导线规格、型号相同的导线一根一根地在槽内来回穿绕到尽量接近原来的匝数；最后按原来的接线方式接好线、焊好线之后，进行浸漆干燥处理，如图 6 - 4 - 1 所示。

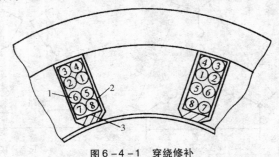

图 6 - 4 - 1　穿绕修补
1. 导线　2. 绝缘套筒　3. 槽楔

4. 绕组短路的检修　绕组短路的原因主要是由于电源电压

过高、电动机拖动的负载过重、电动机使用过久或受潮受污等造成定子绕组绝缘老化与损坏，从而引起绕组短路。定子绕组的短路故障按发生地点划分为绕组对地短路、绕组匝间短路和绕组相与相短路三种。

（1）绕组短路的检查：绕组短路的检查如表6－4－4所示。

表6－4－4 绕组短路的检查

检查方法	检查内容
直观检查	使电动机空载运行一段时间，然后拆开电动机端盖，抽出转子，用手触摸定子绕组。如果有一个或几个线圈过热，则这部分线圈可能有匝间或相间短路故障。也可用眼观察线圈外部绝缘有无变色和烧焦，或用鼻闻有无焦臭气味，如果有，该线圈可能短路
用兆欧表检查相间短路	拆开三相定子绕组接线盒中的连接片，分别测量任意两相绕组之间的绝缘电阻，若绝缘电阻值为零或很小，说明该两相绕组相间短路
用钳形表测三相绕组的空载电流来检查匝间短路	空载电流明显偏大的一相有匝间短路故障
用直流电阻法测量匝间短路	用电桥分别测量各个绕组的直流电阻，电阻较小的一相可能有匝间短路
用短路测试器（短路侦察器）检查匝间短路	用测空载电流或直流电阻的方法来判断绕组是否有匝间短路时，有时准确度不很高，可能会出现误判断，而且也不容易判断到底哪个线圈有匝间短路。因此，在电动机检修中常用短路测试器来检查绕组的匝间短路故障（图6－4－2、图6－4－3）

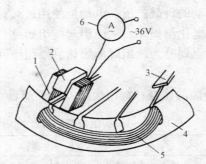

图6-4-2 用短路测试器检查单层绕组匝间短路

1. 开口铁芯 2. 励磁线圈 3. 钢片 4. 定子铁芯 5. 定子绕组端部 6. 电流表

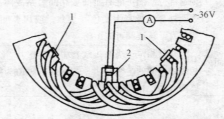

图6-4-3 用短路测试器检查双层绕组匝间短路

1. 钢片 2. 短路测试器

（2）绕组短路的修理：绕组匝间短路故障一般不易先发现，往往是在绕组被烧损后才知道。因此遇到这类故障往往需要视故障情况，全部或部分更换绕组。

（三）转子绕组故障的检修

1. 笼型转子故障的检修 笼型转子的常见故障是断条，断条后的电动机一般能空载运行，但加上负载后，电动机转速将降低，甚至停转。若用钳形电流表测量三相定子绕组电流时，电流表指针会往返摆动。

断条的检查方法通常有以下两种：①用短路测试器检查，如图6-4-3所示。②用导条通电法检查。

转子导条断裂故障一般较难修理，通常是更换转子。

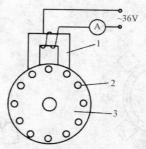

图6－4－4 用短路测试器检查测试断条

1. 短路测试器 2. 导条 3. 转子

2. 绕线式转子故障的检修

（1）绕线式转子绕组断路、短路、接地等故障的检修与定子绕组故障的检修相同。

（2）集电环、电刷、举刷和短路装置的检修：检查集电环、电刷、举刷和短路装置，看接触是否良好，是否发生变阻器断路及引线接触不良等。

1）集电环的检修：如图6－4－4所示，将铜环表面车光，铜环紧固，使接线杆与铜环接触良好。若铜环短路，可更换破损的套管或更换新的集电环。

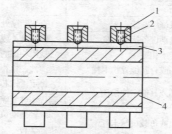

图6－4－5 检查集电环、电刷、举刷和短路装置

1. 集电环 2. 沉头铜螺钉 3. 绝缘套 4. 轴

2）电刷的检修：研磨电刷使之与集电环接触良好，或更换同型号的电刷，如图6－4－5所示。

如果电刷的引线断了，可采用锡焊、铆接、螺钉连接或铜粉塞填法接好，如图6－4－6所示。

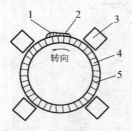

转向

图6－4－6　研磨电刷

1. 砂布自由端　2. 橡皮胶　3. 电刷
4. 换向器　5. 砂布

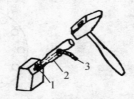

图6－4－7　铜粉塞填法

1. 铜粉　2. 空心冲头　3. 导线

3）举刷和短路装置的检修：手柄未扳到位时，排除卡阻并更换新的滑键或触头；电刷举、落不到位时，需要排除机械卡阻故障。

二、三相异步电动机常见故障及其排除

三相异步电动机的故障是多种多样的，产生的原因也比较复杂，常见故障及其排除如表6－4－5所示。

表6－4－5　三相异步电动机常见故障及其排除

故障现象	可能原因	故障排除方法
接通电源后，电动机不能启动或有异常的声音	熔丝熔断	更换熔丝
	电源线或绕组断线	查出断路处
	开关或启动设备接触不良	修复开关或启动设备
	定子和转子相擦	找出相擦的原因，校正转轴
	轴承损坏或有其他异物卡住	清洗、检查或更换轴承
	定子铁芯或其他零件松动	将定子铁芯或其他零件复位，重新焊牢或紧固
	负载过重或负载机械卡死	减轻拖动负载，检查负载机械和传动装置
	电源电压过低	调整电源电压
	破裂机壳	修补机壳或更换电动机
	绕组连线错误	检查首尾端，正确连线
	定子绕组断路或短路	检查绕组断路和接地处，重新接好

续表

故障现象	可能原因	故障排除方法
电动机的转速低，转矩小	将三角形错接为星形	重新接线
	笼型的转子端环、笼条断裂或脱焊	焊补接好断处或重新更换绕组
	定子绕组局部短路或断路	找出短路或断路处
电动机过热或冒烟	电源电压过低或三相电压相差过大	查出电源电压不稳定的原因
	负载过重	减轻负载或更换为功率较大的电动机
	电动机断相运行	检查线路或绕组中断路或接触不良处，重新接好
	定子铁芯硅钢片间绝缘损坏，使定子涡流增加	对铁芯进行绝缘处理或适当增加每槽的匝数
	转子和定子发生摩擦	校正转子铁芯或轴，或更换轴承
	绕组受潮	将绕组进行烘干
	绕组有短路或接地	修理或更换有故障的绕组
电动机轴承过热	装配不当使轴承受外力	重新装配
	轴承内有异物或缺油	清洗轴承并注入新的润滑油
	轴承弯曲，使轴承受到外应力或轴承损坏	矫正轴承或更换轴承
	传动带过紧或联轴器装配不良	适当松开传动带，修理联轴器或更换轴承
	轴承标准不合格	选配标准合适的新轴承

第五节　单相异步电动机

单相异步电动机是利用单相电源供电的一种小容量交流电动机。它具有结构简单、运行可靠、维修方便等优点，特别是它可以直接用 220 V 交流电源供电，所以得到广泛应用。但单相异步电动机与同容量的三相异步电动机相比，体积较大，运行性能较差，效率较低。因此，一般单相异步电动机只制成小型和微型系列，容量一般在 1 kW 之内，主要用于驱动小型机床、离心机、压缩机、泵、风扇、洗衣机、冷冻机等。

一、单相异步电动机的结构及种类

（一）普通单相异步电动机

单相异步电动机的结构与一般小型三相笼型异步电动机的相似，如图6-5-1所示。

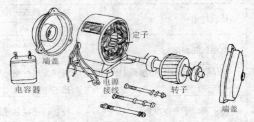

图6-5-1　单相异步电动机的内部结构

1. 定子　定子由定子铁芯、定子绕组和机座组成。

（1）定子铁芯：也是用硅钢片叠压而成。

（2）定子绕组：铁芯槽内放置有两套绕组，一套是主绕组，也称为工作绕组；另一套是副绕组，又称为启动绕组，如图6-5-2所示。

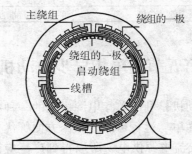

图6-5-2　工作绕组和启动绕组的分布

（3）机座：是用铸铁或铝铸造而成，它能固定铁芯，支持端盖。

2. **转子**　单相异步电动机的转子与三相笼型异步电动机的转子相同，也采用笼型结构。

3. **其他附件**　其他附件有端盖、轴承、轴承端盖、风扇等。

4. **启动元件**　启动元件包括电容器或电阻器。

5. **启动开关**

（1）离心式启动开关：离心式启动开关是较常用的启动开关，一般安装在电动机端盖边的转子上。当电动机转子静止或转速较低时，离心式启动开关的触头在弹簧的压力下处于接通位置；当电动机转速达到一定值后，离心式启动开关中的重球产生的离心力大于弹簧的弹力，则重球带动触头向右移动，触头断开。其结构如图6-5-3所示。

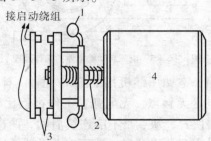

图6-5-3　离心式启动开关的结构

1. 重球　2. 弹簧　3. 触头　4. 转子

（2）启动继电器：启动继电器主要用于专用电动机上，如冰箱压缩电动机等，它有电流启动型和电压启动型两种类型。电流启动继电器的工作原理如图6-5-4所示，其中继电器的线圈与工作绕组串联，电动机启动时工作绕组电流大，继电器动作，触头闭合，接通启动绕组。随着转速上升，工作绕组电流减少，当启动继电器的电磁吸力小于继电器铁芯的重力及弹簧的反作用力时，继电器复位，触头断开，切断启动绕组。电压启动继电器的工作原理如图6-5-5所示。

（3）PTC元件：如图6-5-6所示，PTC元件是一种正温度系数的热敏电阻，"通"至"断"的过程即低阻向高阻态的转变

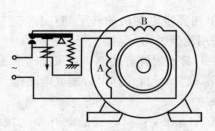

图6-5-4 电流启动继电器的工作原理

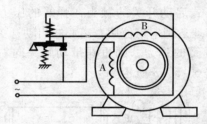

图6-5-5 电压启动继电器的工作原理

过程。一般冰箱、空调压缩机用的 PTC 元件，体积只有贰分硬币大小。其特点是无触点、无电弧，工作过程比较安全、可靠，安装方便，价格便宜，缺点是不能连续启动，两次启动间隔 3 ~ 5 min。低阻时为几欧至几十欧，高阻时为几十千欧。

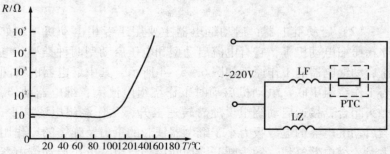

图6-5-6 PTC 元件的特性和接线

（二）单相罩极异步电动机

单相罩极异步电动机的转子一般为笼型，定子铁芯有两种结构：凸极式或隐极式，一般采用凸极式结构，如图 6－5－7 所示。凸极式定子铁芯的外形是一种方形或圆形的磁场框架，磁极突出，凸极中间开一个小槽，用短路铜环罩住 1/3 磁极面积。短路环起辅助绕组作用，而凸极磁极上集中绕组则起主绕组作用。

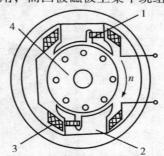

图6－5－7　单相罩极异步电动机的凸极式结构
1. 短路环　2. 凸极式定子铁芯　3. 定子绕组　4. 转子

（三）单相异步电动机的分类

单相异步电动机按启动和运行方式的不同，分为以下五类，各种类型的外形如表 6－5－1 所示。

（1）单相电容运行式异步电动机：常用于家用小功率设备或各种家用电器，如电扇、吸尘器等。

（2）单相电容启动式异步电动机：常用于小型空气压缩机、洗衣机、空调器等。

（3）单相电阻启动式异步电动机：常用于电冰箱、空调压缩机。

（4）单相双电容启动式异步电动机：这种电动机有较大的启动转矩，广泛用于小型机床设备。

（5）单相罩极异步电动机：主要适用于小功率空载启动场合，如计算机散热风扇、仪表风扇、电唱机等。

表 6 - 5 - 1　各种单相异步电动机的外形

图形	名称	图形	名称
	单相电容运行式异步电动机（功率在 300 W 以上）		单相电容运行式异步电动机（功率在 300 W 以下）
	单相电容启动式异步电动机		单相双电容启动式异步电动机
	单相电阻启动式异步电动机	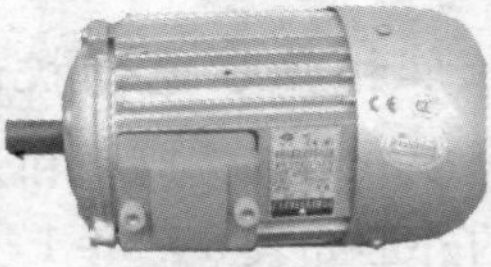	单相电阻启动式异步电动机
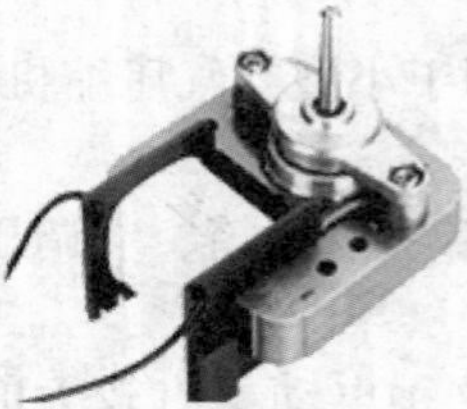	单相罩极异步电动机		单相罩极异步电动机

二、单相异步电动机的常见故障及其排除

（一）单相异步电动机的使用与维护

单相异步电动机的使用和维护与三相异步电动机的相同，但要注意以下几点：

（1）单相异步电动机在接线时，需正确区分工作绕组与启动绕组，并注意它们的首、尾端。如果出现标志脱落，则电阻大者为工作绕组。

（2）更换电容器时，电容器的容量与工作电压必须与原规格相同。启动用的电容器应选用专用的电解电容器，其通电时间一般不得超过 3 s。

（3）对于单相启动式电动机，只有在电动机静止或转速降低到使离心开关闭合时，才能采用对其改变方向的接线。

（4）额定频率为 60 Hz 的电动机，不得采用 50 Hz 电源。否则，将引起电流增加，造成电动机过热甚至烧毁。

单相异步电动机的维护项目及过程如表 6 - 5 - 2 所示。

表 6 - 5 - 2　单相异步电动机的维护项目及过程

序号	维护项目	过程照片	过程描述
1	检查电动机绝缘电阻		用兆欧表检测单相异步电动机的启动绕组与工作绕组间及各绕组对外壳间的绝缘电阻，阻值应大于 0.5 MΩ 以上才可使用。如绝缘电阻较低，则应先将电动机进行烘干处理，然后再测绝缘电阻，合格后才可通电使用

序号	维护项目	过程照片	过程描述
2	电动机外壳温度检查		用手触及外壳，看电动机是否过热烫手。如发现过热，可在电动机外壳上滴几滴水，如果水急剧汽化，说明电动机明显过热，此时应立即停止运行，查明原因，排除故障后方能继续使用
3	机械性能检查		通过转动电动机的转轴，看其转动是否灵活。如转动不灵活，必须拆开电动机观察转轴是否有积炭、有无变形、是否缺润滑油。如果有积炭，可用小刀轻轻地将积炭刮掉，并补充少量凡士林润滑。如果是缺润滑油，就补充适量的润滑油
4	运行中听声音		用长柄旋具头触及电动机轴承外的小油盖，耳朵贴紧旋具柄，细听电动机轴承有无杂音、振动，以判断轴承的运行情况。如出现有规律的"沙沙"声，则运转正常；如果有"咝咝"的金属碰撞声，说明电动机缺油；如果有"咕噜咕噜"的冲击声，说明轴承中有滚珠被轧碎
5	监视机壳是否漏电		用手触摸机壳之前先用试电笔试一下外壳是否带电，以免发生触电事故

序号	维护项目	过程描述
6	清洁	对拆开的电动机进行清理，应先清理掉各部件上的灰尘和杂物，尤其定子绕组上的积尘，可先用"皮老虎"或空气压缩泵将灰尘吹掉，然后用干布擦掉油污，必要时可蘸少量汽油擦净，以不损伤绕组绝缘漆为原则。擦洗完毕，再吹一次

（二）单相异步电动机故障的排除

单相异步电动机的检修与三相电动机的相类似，即通过"听、看、闻、摸"等手段，不再详述。这里将单相电动机的常见故障介绍如下，根据故障类型推断故障可能发生的部位，并通过一定的检查方法，找出发生故障的地方并加以排除。

1. 单相异步电动机常见故障分析

单相异步电动机的许多故障，如机械构件故障和绕组断线、短路、接地等故障，无论是在故障现象还是在处理方法上都和三相异步电动机的相同。但由于单相异步电动机结构上的特殊性，其故障也与三相异步电动机的有所不同，如启动装置故障、启动绕组故障、电容器故障等。单相异步电动机的常见故障及其原因如表6-5-3所示。

表6-5-3 单相异步电动机的常见故障及其原因

故障现象	故障原因
无法启动	（1）电源电压不正常 （2）电动机定子绕组断路 （3）电容器损坏 （4）离心开关触头闭合不上 （5）转子卡住 （6）过载
启动转矩很小或启动迟缓且转向不定	（1）启动绕组断路 （2）电容器断路 （3）离心开关触头合不上

故障现象	故障原因
电动机转速低于正常转速	（1）电源电压偏低 （2）绕组匝间短路 （3）离心开关触头无法断开，启动绕组未切除 （3）电容器损坏（击穿或容量减小） （4）电动机负载过重
电动机过热	（1）工作绕组或启动绕组（电容运转式）短路或接地 （2）电容启动式电动机工作绕组与启动绕组相互接错 （3）电容启动式电动机离心开关触头无法断开，使启动绕组长期运行
电动机转动时噪声大或振动大	（1）绕组短路或接地 （2）轴承损坏或缺少润滑油 （3）定子与转子空隙中有杂物 （4）电风扇风叶变形、不平衡

2. 单相异步电动机常见故障的排除

（1）电动机通电后不转，发出"嗡嗡"声，用外力推动后可正常旋转的故障排除：

1）用万用表检查启动绕组是否断开。如在槽口处断开，则只需一根相同规格的绝缘线把断开处焊接，加以绝缘处理；如内部断线，则要更换绕组。

2）对单相电容异步电动机，检查电容器是否损坏。如损坏，更换同规格的电容器。

3）对单相电阻式异步电动机，可用万用表检查电阻元件是否损坏。如损坏，同样更换同规格的电阻器。

4）对单相启动式异步电动机，要检查离心开关（或继电器）。如离心开关（或继电器）的触点闭合不上，可能是有杂物进入，使铜触片卡住而无法动作，也可能是弹簧拉力太小或损坏。处理方法是清除杂物或更换离心开关（或继电器）。

5）对罩极式电动机，检查短路环是否断开或脱焊，如发生断开或脱焊，可以重新焊接或更换短路环。

（2）电动机通电后不转，发出"嗡嗡"声，外力推动也不能使之旋转的故障排除：

1）检查电动机是否过载，若过载即减去相应负载。

2）检查轴承是否损坏或卡住，若损坏可修理或更换轴承。

3）检查定子、转子铁芯是否相擦，若相擦是因轴承松动造成的，应更换轴承；否则，应锉去相擦部位，校正转子轴线。

4）检查主绕组和副绕组接线，若接线错误，需要重新接线。

（3）电动机通电后不转，没有"嗡嗡"声，外力也不能使之旋转的故障排除：

1）检查电源是否断线，若电源断线需要恢复供电。

2）检查进线线头是否松动，如果松动就重新接线。

3）检查工作绕组是否断路、短路（与三相异步电动机定子绕组的检查方法相同），如有断路、短路，就找出故障点，修复或更换断路绕组。

（4）注意事项：判断电容器是否有击穿、接地、开路或严重泄漏故障的方法如下：

将万用表拨至 $R \times 10 \text{ k}\Omega$ 或 $R \times 1 \text{ k}\Omega$ 挡，用螺钉旋或用导线短接电容器两端进行放电后，把万用表两表笔接电容器出线端。若表针摆动则可能为以下情况，如图 6-5-8 所示。

1）指针先大幅度摆向电阻零位，然后慢慢返回初始位置（图 6-5-8a）——电容器完好。

2）指针不动（图 6-5-8b）——电容器有开路故障。

3）指针摆到刻度盘上某较小阻值处，不再返回（图 6-5-8c）——电容器泄漏电流较大。

4）指针摆到电阻零位后不返回（图 6-5-8d）——电容器

内部已被击穿短路。

5）指针能正常摆动和返回，但第一次摆幅小（图6－5－8e）——电容器容量已减小。

6）把万用表拨至 $R \times 100 \, \Omega$ 挡，用表笔测电容器两端的接线端对地的电阻，若指示为零说明电容器已接地。

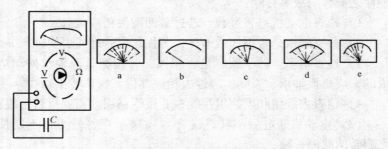

图6－5－8 检查电容器

第七章　常用电气线路的安装与维修

第一节　低压电器的安装与维修

一、低压电器的安装工艺要求

（1）组合开关、熔断器的受电端子应安装在控制板的外侧，并使熔断器的受电端为底座的中心端。

（2）各元件的安装位置应齐整、匀称，间距合理，便于元件的更换。

（3）紧固各元件时要用力匀称，紧固程度适当。在紧固熔断器、接触器等易碎元件时，应用手按住元件，一边轻轻摇动，一边用螺钉旋具轮换旋紧对角线上的螺钉，直到手摇不松动后再适当旋紧些即可。

二、低压开关的安装与维修

低压开关主要用于隔离、转换以及接通、分断电路，多数用作机床电路的电源开关和局部照明电路的开关，有时也可用来直接控制小容量电动机的启动、停止和正反转。低压开关一般为非自动切换电器，常用的有负荷开关、组合开关和低压断路器。

（一）开启式负荷开关的安装、选用与维修

开启式负荷开关又称为瓷底胶盖刀开关，简称闸刀开关。生产中常用的是 HK 系列开启式负荷开关，多用于照明、电热设备

及小容量电动机的控制电路中，供手动和不频繁接通、分断电路，并起短路保护作用。HK 系列开启式负荷开关由刀开关和熔断器组合而成，其结构和电路符号如图 7-1-1 所示。

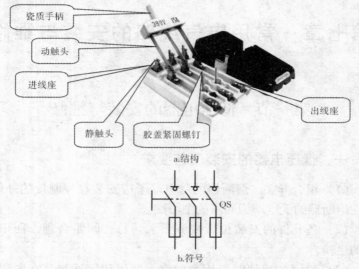

图 7-1-1　HK 系列开启式负荷开关

开启式负荷开关的型号及含义如下：

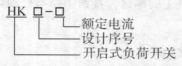

1. 开启式负荷开关的安装

（1）安装时应做到垂直安装，使闭合操作时的手柄操作方向从下向上合，断开操作时的手柄操作方向从上向下分。不允许采用平装或倒装，以防产生误合闸。

（2）接线时，电源进线应接在开关上面的进线端上，用电设备应接在开关下面的出线端。

（3）用作电动机的开关时，应将开关的熔体部分用导线直连，并在出线端另外加装熔断器做短路保护。

（4）安装后应检查动触头（闸刀）和静触头（静插座）的接触是否成直线，是否紧密。

（5）更换熔体时必须按原规格在动触头断开的情况下进行。

2. **开启式负荷开关的选用** 开启式负荷开关的结构简单，价格便宜，在一般的照明电路和功率小于 5.5 kW 的电动机控制线路中被广泛采用。但这种开关没有专门的灭弧装置，其刀式动触头和静触头易被电弧灼伤而引起接触不良，因此不宜用于操作频繁的电路。开启式负荷开关的具体选用方法如下：

（1）用于照明和电热负载时，选用额定电压为 220 V 或 250 V，额定电流不小于电路所有负载额定电流之和的两极开关。

（2）用于控制电动机的直接启动和停止时，选用额定电压为 380 V 或 500 V，额定电流不小于电动机额定电流 3 倍的三极开关。

3. **开启式负荷开关的常见故障及其排除方法** 开启式负荷开关的常见故障及其排除方法如表 7 - 1 - 1 所示。

表 7 - 1 - 1　开启式负荷开关的常见故障及其排除方法

类型	故障现象	原因	排除方法
开启式负荷开关	合闸后一相或两相没电压	静触头弹性消失，开口过大，使静触头与动触头不能接触	更换静触头
		熔丝烧断或虚连	更换熔丝
		静触头、动触头氧化或有尘污	清洁触头
		电源进线端或出线端的线头氧化后接触不良	检查进、出线
	闸刀短路	外接负载短路、熔丝熔断	检查负载，将短路故障排除后更换熔丝
		金属异物落入开关或连接熔丝引起相间短路	检查开关内部，拿出金属异物或接好熔丝
	动触头或静触头烧坏	开关容量太小	更换为大容量的开关
		拉合闸时动作太慢造成电弧过大，烧坏触头	改善操作方法

（二）封闭式负荷开关的安装、选用与维修

封闭式负荷开关是在开启式负荷开关的基础之上进行改进设计而成的一种开关。其灭弧性能、操作性能、通断能力和安全防护性能都优于开启式负荷开关。因其外壳多为铸铁或用薄钢板冲压而成，故俗称铁壳开关。它可用于手动不频繁地接通和断开带负荷的电路，以及作为线路末端的短路保护，也可用于控制 15 kW 以下的交流电动机不频繁的直接启动和停止。

封闭式负荷开关的型号及含义如下：

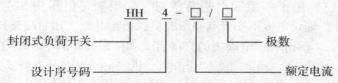

常用的封闭式负荷开关有 HH3、HH4 系列。其中 HH4 系列为全国通用产品，它的结构如图 7 - 1 - 2 所示。它主要有刀开关、熔断器、操作机构和外壳组成。封闭式负荷开关具有两个特点：一是采用储能分、合闸方式，可提高开关的通断能力，延长开关的使用寿命；二是设置了联锁装置，确保了操作安全。

1. 封闭式负荷开关的安装

（1）封闭式负荷开关必须垂直安装，安装高度一般离地不低于 1.3～1.5 m，并以操作方便和安全为原则。

（2）接线时，应将电源进线接在刀开关静触头的接线端子上，用电设备应接在开关下面熔体上不带电的出线端子上。

（3）开关外壳的接地螺钉必须可靠接地。

2. 封闭式负荷开关的选用

（1）封闭式负荷开关的额定电压应不小于线路的工作电压。

（2）封闭式负荷开关用于控制照明、电热负载时，开关的额定电流应不小于所有负载额定电流之和；用于控制电动机时，开关的额定电流应不小于电动机额定电流的 3 倍。

3. 封闭式负荷开关的常见故障及其排除方法　封闭式负荷

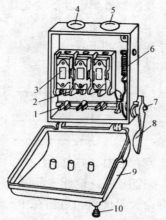

图 7 - 1 - 2 HH 系列封闭式负荷开关

1. 动触刀 2. 静触头 3. 熔断器 4. 进线孔 5. 出线孔
6. 速断弹簧 7. 转轴 8. 手柄 9. 开关盖 10. 开关盖锁紧螺栓

开关的常见故障及其排除方法如表 7 - 1 - 2 所示。

表 7 - 1 - 2 封闭式负荷开关的常见故障及其排除方法

故障现象	原因	排除方法
操作手柄带电	外壳未接地或接地线接触不良	加装或检查接地线
	电源进出线绝缘损坏、碰壳	更换导线
静触头过热或被烧坏	静触头表面烧毛糙	用细锉修正
	动触头与静触头压力不足	调整静触头压力
	负载过大	减轻负载或调换为较大容量的开关

（三）组合开关的安装、选用与维修

组合开关又称为转换开关，它体积小，触头对数多，接线方式灵活，操作方便。组合开关常用于交流 50 Hz、380 V 以下及直流 220 V 以下的电气线路中，供手动不频繁地接通和断开电路、换接电源和负载，以及控制 5 kW 以下的交流电动机的启动、停止和正反转。

组合开关的型号和含义如下：

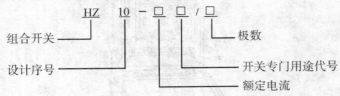

HZ 系列组合开关有 HZ1、HZ2、HZ3、HZ4、HZ5 及 HZ10 等。其中 HZ10 系列是全国统一设计产品，具有性能可靠、结构简单、组合性强、寿命长等优点，目前在生产中得到广泛应用。

HZ10 – 10/3 型组合开关的外形与结构如图 7 – 1 – 3 所示。开关的三个静触头分别装在三层绝缘垫板上，并附有接线柱，用于和电源及用电设备相接。动触头是由磷铜片（或硬紫铜片）和具有良好灭弧性能的绝缘钢纸板铆合而成，并和绝缘垫板一起套在附有手柄的方形绝缘转轴上。手柄和转轴能在平行于安装面的平面内沿顺时针或逆时针方向转动，每次转动 90°，带动三个动触头分别与三个静触头接触或分离，实现接通或分断电路的目的。开关的顶盖部分是由滑板、凸轮、扭簧和手柄等构成的操作机构。由于采用了扭簧储能，可使触头快速闭合或分断，从而提高了开关的通断能力。组合开关的绝缘垫板可以一层层组合起来，并按不同的方式配置触头，得到不同的控制要求。HZ10— 10/3 型组合开关在电路中的符号如图 7 – 1 – 3c 所示。

组合开关中，有一类是专为小容量三相异步电动机的正反转而设计的，如 HZ3—132 型组合开关，俗称倒顺开关或可逆开关。

1. 组合开关的安装

（1）HZ10 系列组合开关应安装在控制箱（或壳体）内，其操作手柄最好伸出在控制箱的前面或侧面，应使手柄在水平旋转

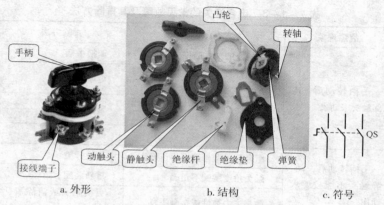

图 7 – 1 – 3　HZ10 – 10/3 型组合开关

时为断开状态。HZ3 系列组合开关的外壳必须可靠接地。

（2）若需要在箱内操作，开关最好装在箱内右上方，它的上方最好不安装其他电器，否则，应采用隔离或绝缘措施。

（3）组合开关的通断能力较低，不能用来分断故障电流。用于控制异步电动机的正反转时，必须在电动机完全停止后才能反向启动，且每小时的接通次数不能超过 15～20 次。

（4）当操作频率过高或负载功率因数较低时，应降低开关的容量使用，以延长其使用寿命。

（5）倒顺开关接线时，应将开关两侧进出线中的一相互换，并看清开关接线端标记，切忌接错，以免产生电源两相短路故障。

2. 组合开关的选用　　组合开关应根据电源种类、电压等级、所需触头数、接线方式和负载容量进行选用。用于直接控制异步电动机的启动和正反转时，开关的额定电流一般取电动机额定电流的 1.5～2.5 倍。

3. 组合开关的常见故障及其排除方法　　组合开关的常见故障及其排除方法如表 7 – 1 – 3 所示。

表 7 - 1 - 3　组合开关的常见故障及其排除方法

故障现象	原因	排除方法
手柄转动后，内部触头未动	手柄上的轴孔磨损变形	调换手柄
	绝缘杆变形（由方形变为圆形）	更换绝缘杆
	手柄与方轴，或轴与绝缘杆配合松动	紧固松动部件
	操作机构损坏	修理更换
手柄转动后，动、静触头不能按要求动作	组合开关型号选用不正确	更换开关
	触头角度装配不正确	重新装配
	触头失去弹性或接触不良	更换触头或清除氧化层或尘污
接线柱间短路	因铁屑或油污附着在接线柱间，形成导电层，将胶木烧焦，绝缘损坏而形成短路	更换开关

（四）低压断路器的安装、选用与维修

低压断路器又称为自动空气开关或自动空气断路器，简称断路器，是低压配电网络和电力拖动系统中常用的一种配电电器。它集控制和多种保护功能于一体，在正常情况下可用于不频繁接通和断开电路，以及控制电动机的运行。当电路发生短路、过载和失压等故障时，低压断路器能自动切断故障电路，保护电路和电器设备。低压断路器操作安全，安装使用方便，工作可靠，动作值可调，分断能力较强，而且在多种保护动作后不需要更换元件，因此得到了广泛作用。

低压断路器按结构形式可分为塑壳式、框架式、限流式、直流快速式、灭磁式和漏电保护式等 6 类。

常用的低压断路器是 DZ 系列塑壳式断路器，如 DZ5 系列和 DZ10 系列。其中，DZ5 为小电流系列，额定电流为 10 ~ 50 A。DZ10 为大电流系列，额定电流有 100 A、250 A、600 A 三种。低压断路器的型号及含义如下：

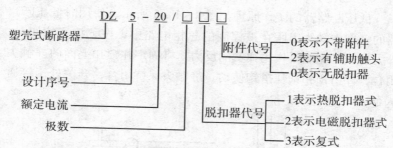

DZ 5 - 20 / □ □ □

塑壳式断路器 ————

设计序号 ————

额定电流 ————

极数 ————

附件代号 —— 0表示不带附件
　　　　　　 2表示有辅助触头
　　　　　　 0表示无脱扣器

脱扣器代号 —— 1表示热脱扣器式
　　　　　　　 2表示电磁脱扣器式
　　　　　　　 3表示复式

DZ5 - 20 型低压断路器的外形、结构如图 7 - 1 - 4 所示。断路器主要由动触头、静触头、灭弧装置、操作机构、热脱扣器及外壳等部分组成。

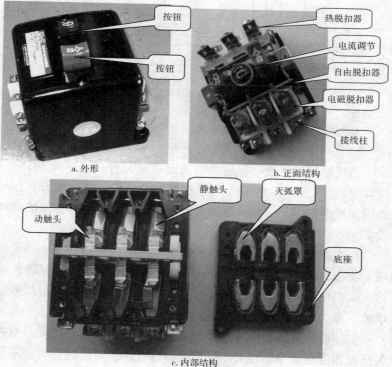

a. 外形

b. 正面结构

c. 内部结构

图 7 - 1 - 4　DZ5 - 20 型低压断路器

低压断路器的工作原理如图7-1-5所示，使用时低压断路器的三副主触头串联在被控制的三相电路中，按下接通按钮时，外力使锁扣克服反作用弹簧的反力，将固定在锁扣上面的静触头闭合，并由锁扣锁住搭钩使动、静触头保持闭合，开关处于接通状态。

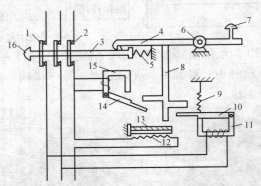

图7-1-5 低压断路器的工作原理示意

1. 动触头 2. 静触头 3. 锁扣 4. 搭钩 5. 反作用弹簧 6. 转轴座
7. 分断按钮 8. 杠杆 9. 拉力弹簧 10. 欠压脱扣器衔铁 11. 欠压脱扣器
12. 热元件 13. 双金属片 14. 电磁脱扣器衔铁 15. 电磁脱扣器 16. 接通按钮

当线路发生过载时，过载电流流过热元件产生一定的热量，使双金属片受热向上弯曲，通过杠杆推动搭钩与锁扣脱开，在反作用弹簧的作用下，动、静触头分开，从而切断电路，保护电气设备。

当线路发生短路故障时，短路电流使电磁脱扣器产生强大的吸力将衔铁吸合，通过杠杆推动搭钩与锁扣脱开，从而切断电路，实现短路保护。低压断路器在出厂时，电磁脱扣的瞬时整定电流一般为额定电流 I_N 的10倍。

欠压脱扣器的动作过程与电磁脱扣器的动作过程相反。具有欠压脱扣器的断路器在欠压脱扣器两端电压或电压过低时，不能接通电路。低压断路器的符号如图7-1-6所示。

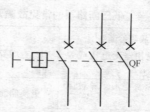

图7-1-6 低压断路器的符号

1. 低压断路器的安装

（1）低压断路器应垂直于配电板安装，电源引线应接到上端，负载引线接到下端。

（2）低压断路器用作电源总开关或电动机控制开关时，在电源进线侧必须加装刀开关或熔断器等，以形成一个明显的断开点。

2. 低压熔断器的选用

（1）低压断路器的工作电压大于或等于线路或电动机的额定电压。

（2）低压断路器的额定电流大于或等于线路的实际工作电流。

（3）热脱扣器的整定电流等于所控制的电动机或其他负载的额定电流。

（4）电磁脱扣器的瞬时动作整定电流大于负载电路正常工作时可能出现的峰值电流。

对单台电动机，主电路电磁脱扣器的额定电流 I_{NL} 可按下式选取：

$$I_{NL} \geqslant KI_{st}$$

式中，K 为安全系数，对 DZ 型取 $K = 1.7$，对 DW 型取 $K = 1.35$；I_{st} 为电动机的启动电流。

（5）低压断路器欠电压脱扣器的额定电压等于线路的额定电压。

3. 低压断路器的常见故障及其排除

低压断路器的常见故障及其排除如表7-1-4所示。

表 7－1－4　低压断路器的常见故障及其排除

故障现象	故障诊断	排除方法
手动操作时低压断路器触点不能闭合	失压脱扣器无电压或脱扣线圈烧坏	检查线路电压，如正常，应更换线圈
	储能弹簧变形，导致闭合力减小	更换储能弹簧
	机构不能复位再扣	调整再扣接触面至规定值
	反作用弹簧力太大	重新调整弹簧压力
	控制器中整流管或电容器损坏	更换元件
电动操作时低压断路器触点不能闭合	操作电源电压不符	调整或更换电源
	电源容量不够	增大操作电源容量
	电磁铁拉杆行程不够	重新调整或更换拉杆
	电动机操作定位开关失灵	重新调整开关
	控制器中整流管或电容器损坏	更换元件
有一相触点不能闭合	断路器的相连杆断裂	更换连杆
	限流开关拆开机构的可折连杆之间的角度变大	调整到原来数值
分励脱扣器不能使断路器分断	线圈断路或短路	更换线圈
	电源电压过低	检查电源电压并调节
	再扣接触面太大	重新调整
	螺钉松动	紧固螺钉
失压脱扣器不能使断路器分断	反力弹簧力变小	调整弹簧弹力
	机构卡死	排除卡死故障
	如为储能释放，是储能弹簧断裂或弹簧力变小	调整或更换储能弹簧
启动电动机时断路器立即分断	过电流脱扣器的瞬时整定值太小	调整过电流脱扣器瞬时整定值
	脱扣器反力弹簧断裂或落下	更换弹簧或重新安装
	脱扣器的某些零件损坏	更换脱扣器或更换损坏零件

续表

故障现象	故障诊断	排除方法
断路器闭合，一定时间后自行分断	过电流脱扣器长延时整定值不对	调整或更换脱扣器
	热元件或半导体延时电路元件损坏	更换元件
失压脱扣器有噪声	反力弹簧力过大	重新调整弹簧力
	铁芯工作面有污油	清除污油
	短路环断裂	更换衔铁或铁芯
断路器温升过高	触点压力过分降低	调整触点压力或更换弹簧
	触点表面过分磨损或接触不良	更换触点或更换断路器
	两个导电零件连接螺钉松动	拧紧螺钉
	过负荷	应立即设法减少负荷，观察是否继续发热
	触点表面氧化或有污油	清除氧化膜或污油
辅助开关发生故障	辅助开关的动触点卡死或脱落	拨正或重新安装好触桥
	辅助开关传动杆断裂或滚轮脱落	更换传动杆和滚轮或更换辅助开关
	触点不能接触或表面氧化，有污油	调整触点或清除氧化膜与污油
断路器跳闸	检查外观有无喷出金属细粒，灭弧室有无损坏	拆下灭弧室进行触点检查，检修或更换、清扫灭弧室
半导体过电流脱扣器误动作使断路器分断	再仔细寻找故障，确认半导体脱扣器本身完好后，多数情况下可能是外界电磁干扰	仔细寻找引起误动作的原因，如邻近大型电磁铁的影响，接触器的分断、电焊机的影响等，应进行隔离或更换线路

三、熔断器的种类、安装、选用与维修

熔断器在低压配电网络和电力拖动系统中主要用作短路保护。熔断器在使用时串联在被保护电路中，在电路发生短路故障时，当通过熔断器的电流达到或超过某一规定值时，熔断器以其

自身产生的热量使熔体熔断，从而自动分断电路，起到保护作用。它具有结构简单、价格便宜、动作可靠、使用维护方便等优点，得到了广泛的应用。

　　熔断器主要由熔体、安装熔体的熔管和熔座三部分组成。熔体的材料通常有两种，一种是由铅、铅锡合金或锌等低熔点材料制成的，多用于小电流电路；另一种是由银、铜等较高熔点的金属制成的，多用于大电流。熔断器的符号如图7－1－7所示。

图7－1－7　熔断器符号

　　熔断器的主要技术参数有额定电压、额定电流、分断能力和时间－电流特性。额定电压是指保证熔断器能长期正常工作的电压。额定电流是指保证熔断器长期正常工作的电流。它们是由熔断器各部分长期工作的允许温升决定的。

（一）熔断器的种类

　　熔断器按结构形式分为半封闭插入式、无填料封闭管式、有填料封闭管式三种。常用的低压熔断器有以下几种：

　　1. RC1A系列插入式熔断器　RC1A系列插入式熔断器属于半封闭插入式，其型号及含义如下：

　　RC1A系列插入式熔断器的结构如图7－1－8所示，它由瓷座、瓷盖、动触头、静触头和熔丝五部分组成。它主要用于交流50 Hz、额定电压380 V及以下、额定电流200 A及以下的低压线路的末端或分支电路中，作为电气设备的短路保护及一定程度的过载保护。

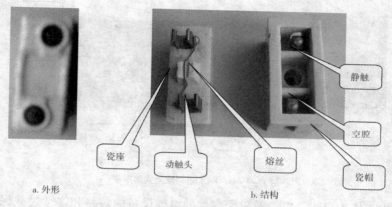

静触

空腔

瓷帽

瓷座　　动触头　　熔丝

a. 外形　　　　　　　　　　　　b. 结构

图 7 - 1 - 8　RC1A 系列插入式熔断器

2. RL1 系列螺旋式熔断器　RL1 系列螺旋式熔断器的型号及含义如下：

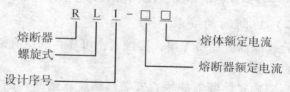

RL1 系列螺旋式熔断器属于有填料封闭的管式熔断器。它主要由瓷帽、熔断管、瓷套、上接线座、下接线座及瓷座等部分组成，其结构如图 7 - 1 - 9 所示。

RL1 系列熔断器的分断能力较强，结构紧凑，体积小，安装面积小，更换熔体方便，工作安全可靠，广泛用于控制箱、配电屏、机床设备及振动较大的场合，在交流额定电压 550 V、额定电流 200 A 及以下的电路中，作为短路保护器件。

常见的熔断器还有 RM10 系列无填料封闭管式熔断器和快速熔断器。RM10 系列无填料封闭管式熔断器主要由熔断管、熔体、夹头及夹座等部分组成。它适用于交流 50 Hz、额定电压 380 V 或直流 440 V 及以下电压等级的动力网络和成套配电设备

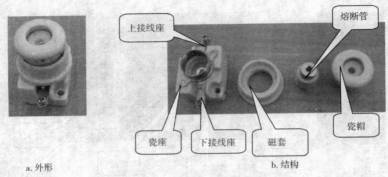

上接线座

熔断管

瓷座　下接线座　磁套

瓷帽

a. 外形　　　　　　　　　　　　b. 结构

图 7 - 1 - 9　RL1 系列螺旋式熔断器

中，作为导线、电缆及较大容量的电气设备的短路和连续过载保护；快速熔断器又称为半导体保护用熔断器，主要用于半导体功率元件的过流保护。它结构简单，使用方便，动作灵敏可靠。目前常用的快速熔断器有 RS0、RS3、RLS2 等系列。

（二）熔断器的安装

（1）熔断器应完整无损，接触紧密可靠，并应有额定电压、电流值的标志。

（2）瓷插式熔断器应垂直安装。螺旋式熔断器的电源进线应接在底座中心端的接线端子上，用电设备应接在螺旋壳的接线端子上。

（3）熔断器应装合格的熔体，不能用多根小规格的熔体代替一根大规格的熔体。

（4）安装熔断器时，各级熔体应相互配合，并应做到下一级熔体比上一级小。

（5）熔断器应安装在各相线上，在三相四线或二相三线控制的中性线上严禁安装熔断器，而在单相二线制的中性线上应该安装熔断器。

（6）熔断器兼作隔离目的使用时，应安装在控制开关电源的进线端，若仅作短路保护使用时，应安装在前控制开关的出线端。

（三）熔断器的选用

应根据使用环境和负载性质选择适合类型的熔断器，熔体额定电流的选择应根据负载性质选择，熔断器的额定电压必须大于或等于线路的额定电压，熔断器的额定电流必须等于或大于所装熔体的额定电流，熔断器的分断能力应大于电路中可能出现的最大短路电流。

对于不同的负载，熔体按以下原则选用：

1. 照明和电热线路　熔体选用时应使熔断体的额定电流 I_{RN} 稍大于所有负载的额定电流 I_N 之和，即

$$I_{RN} \geqslant \sum I_N$$

2. 单台电动机线路　熔体选用时应使熔体的额定电流不小于电动机的额定电流 I_N 的 1.5 ~ 2.5 倍，即

$$I_{RN} \geqslant (1.5 \sim 2.5) I_N$$

启动系数取 2.5 仍不能满足时，可以放大但不超过 3。

3. 多台电动机线路　熔体选用时应使熔体的额定电流

$$I_{RN} \geqslant (1.5 \sim 2.5) I_{NMAX} + \sum I_N$$

式中，I_{NMAX} 为最大一台电动机的额定电流；$\sum I_N$ 为其他所有电动机的额定电流之和。

如果电动机的容量较大，而实际负载又较小，熔体额定电流可适当选小些，小到以启动时熔体不熔断为准。

（四）熔断器的常见故障及其处理

熔断器的常见故障及其处理如表 7 - 1 - 5 所示。

表 7 - 1 - 5　熔断器常见故障及处理

故障现象	故障诊断	处理方法
电路接通瞬间，熔体熔断	熔体电流等级选择过小	更换熔体
	负载侧短路或接地	排除负载故障
	熔体安装时受机械损伤	更换熔体
熔体未见熔断，但电路不通	熔体或接线座接触不良	重新连接

四、按钮开关的使用、安装、选用与维修

(一) 按钮开关的使用

按钮开关是一种手动操作接通或分断小电流控制电路的主令电器。一般情况下它不直接控制主电路的通断，主要通过远距离发出手动指令或信号去控制接触器、继电器等电磁装置，实现主电路的分合、功能转换或电气联锁。

按钮开关一般由按钮帽、复位弹簧、桥式动触头、外壳及支柱连杆等组成。按钮开关按静态时触头分合的状况，可分为常开按钮（启动按钮）、常闭按钮（停止按钮）及复合按钮（常开、常闭组合为一体的按钮）。按钮开关的结构、符号如图 7 - 1 - 10 所示。

另外，根据不同需要，可将单个按钮元件组成双联按钮、三联按钮或多联按钮，用于电动机的启动、停止及正转、反转、制动的控制。有的也可将若干按钮集中安装在一块控制板上，以实现集中控制，称为按钮站。常用按钮的外形如图 7 - 1 - 11 所示。

按钮开关上不同的颜色和符号标记是用来区分功能及作用的，便于操作人员识别，避免误操作。

按钮帽常见的有直上、直下的动作。按钮帽上还有旋钮、自锁钮、钥匙钮等。旋钮分两位置、三位置、自复式三种。

按钮开关属于主令电器，主令电器是在自动控制系统中发出

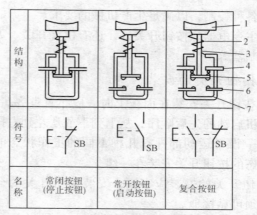

结构			
符号	E-⌐ SB	E-| SB	E-⊢| SB
名称	常闭按钮 (停止按钮)	常开按钮 (启动按钮)	复合按钮

图 7 - 1 - 10 **按钮开关的结构与符号**

1. 按钮　2. 复位按钮　3. 支柱连杆　4. 常闭静触头
5. 桥式动触头　6. 常开静触头　7. 外壳

图 7 - 1 - 11 **常用按钮的外形**

指令或信号的操纵电器。由于它是专门发号施令，故称为主令电
器。它主要用来切换控制电路，使电路接通或分断，实现对电力

拖动系统的各种控制，以满足生产机械的要求。

常用的主令电器除按钮开关外，还有位置开关、万能转换开关和主令控制器等。

（二）按钮开关的安装

（1）把按钮开关安装在面板上时，应布置整齐，排列合理，如根据电动机启动的先后顺序，从上到下或从左到右排列。

（2）同一设备运动部件有几种不同的工作状态时，应使每一对相反状态的按钮开关安装在一组。

（3）按钮开关的安装应牢固，安装按钮开关的金属板或金属按钮盒必须可靠接地。

（三）按钮开关的选用

（1）根据使用场合和具体用途选择按钮开关的种类。

（2）根据工作状态指示和工作情况要求，选择按钮开关或指示灯的颜色。

（3）根据控制回路的需要选择按钮开关的数量。

（四）按钮开关的常见故障及其处理

按钮开关的常见故障及其处理如表7-1-6所示。

表7-1-6　按钮开关的常见故障及其处理

故障现象	故障诊断	处理方法
触头间接触不良	触头烧损	修整触头或更换产品
	触头表面有尘垢	清洁触头表面
	触头弹簧失效	重绕触头弹簧或更换产品
触头间短路	塑料受热变形，导致接线螺钉相碰短路	更换产品，并查明发热原因，如系灯泡发热所致，可降低电压
	杂物或油污在触头间形成通路	清洁按钮内部

五、行程开关的使用、安装、选用与维修

（一）行程开关的使用

行程开关是位置开关的一种。位置开关是一种将机械信号转换为电信号，以控制运动部件的位置和行程的自动控制电器。位置开关包括行程开关和接近开关等。行程开关的种类很多，以运动形式可分为直动式和转动式，以触点性质可分为有触点和无触点的。

1. **型号及含义** 常用的行程开关有 LX19 和 JLXK1 系列。其型号及含义如下：

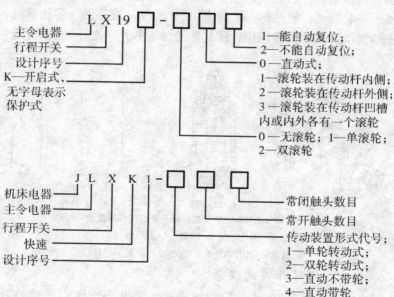

2. **结构及原理** 各种行程开关的基本结构大体相同，都是由触头系统、操作机构和外壳组成。JLXK1 系列行程开关的外形如图 7-1-12 所示。

JLXK1-111 型行程开关的工作原理及符号如图 7-1-13 所

图7-1-12　JLXK1 系列行程开关的外形

示。当运动部件的挡铁碰压行程开关的滚轮 1 时，杠杆 2 连同转轴 3 一起转动，使凸轮 7 推动撞块 5。当撞块被压到一定位置时，推动微动开关 6 快速动作，使其常闭触头断开，常开触头闭合。

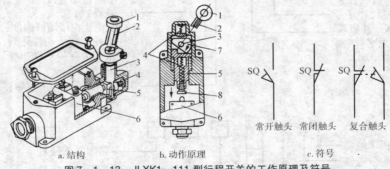

a. 结构　　　　　　b. 动作原理　　　　　　c. 符号

图7-1-13　JLXK1-111 型行程开关的工作原理及符号

1. 滚轮　2. 杠杆　3. 转轴　4. 复位弹簧
5. 撞块　6. 微动开关　7. 凸轮　8. 调节螺钉

（二）行程开关的安装

（1）行程开关的安装位置要准确，安装要牢固；滚轮的方向不能装反，挡铁与其碰撞的位置应符合控制线路的要求，并确保能可靠地与挡铁碰撞。

（2）行程开关在使用中，要定期检查和保养，除去油垢及粉尘，清理触头；经常检查其动作是否灵活、可靠，及时排除故障。防止因行程开关触头接触不良或接线松脱产生误动作。

（三）行程开关的选用

行程开关主要根据动作要求、安装位置及触头数量来选择。

（四）行程开关的常见故障及其处理

行程开关的常见故障及其处理如表7-1-7所示。

表7-1-7　行程开关的常见故障及其处理

故障现象	故障诊断	处理方法
挡铁碰撞位置开关后，触头不动作	安装位置不准确	调整安装位置
	触头接触不良或接线松脱	清刷触头或紧固接线
	触头弹簧失效	更换弹簧
杠杆已经偏转，或无外界机械力作用，但触头不复位	复位弹簧失效	更换弹簧
	内部撞块卡阻	清扫内部杂物
	调节螺钉太长	检查调节螺钉

六、接触器的使用、安装、选用与维修

（一）接触器的使用

接触器是一种自动的电磁式开关，适用于远距离频繁地接通或断开交、直流主电路及大容量控制电路。它不仅能实现远距离自动操作和欠电压释放保护功能，而且还具有控制容量大、工作可靠、操作效率高、使用寿命长等优点，在电力拖动系统中得到了广泛的应用。

常用的交流接触器有 CJ0、CJ10、CJ12 和 CJ20 等系列，以及引进国外先进生产技术的 B 系列、3TB 系列等，其外形如图7-1-14 所示。

交流接触器的型号及含义如下：

a. CJ系列　　　　　　b. 3TB　　　　　c. B系列

图 7 – 1 – 14　交流接触器的外形

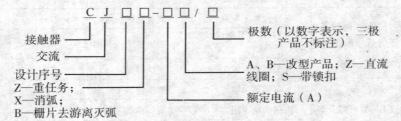

接触器是利用在电磁力作用下的吸合和反向弹簧作用下的释放，使触头闭合和分断，导致电路的接通和断开。

交流接触器主要由电磁系统、触头系统、灭弧装置及辅助部件构成。CJ10—20 型交流接触器的结构如图 7 – 1 – 15 所示。电磁系统是由线圈、静铁芯、动铁芯（又叫衔铁）等组成。线圈通电时产生磁场，动铁芯被吸向静铁芯，带动触头控制电路的接通与分断。为限制涡流，动、静铁芯采用 E 形硅钢片叠压铆成。动铁芯被吸合时会产生衔铁振动，为了消除这一弊端，在铁芯端面上嵌入一只铜环，一般称之为短路环。

交流接触器有三对主触头和四对辅助触头，三对主触头用于接通和分断主电路，允许通过较大的电流；辅助触头用于控制电路，只允许小电流通过。触头有常开和常闭之分，当线圈通电时，所有的常闭触头首先分断，然后所有的常开触头闭合；当线圈断电时，在反向弹簧力作用下，所有触头都恢复平常状态。交流接触器的主触头均为常开触头，辅助触头有常开、常闭之分。

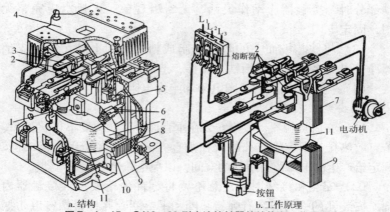

a. 结构　　　　　　　　b. 工作原理

图 7 – 1 – 15　CJ10 – 20 型交流接触器的结构和工作原理

1. 反作用弹簧　2. 主触头　3. 触头压力弹簧　4. 灭弧罩　5. 辅助常闭触头

6. 辅助常开触头　7. 动铁芯　8. 缓冲弹簧　9. 静铁芯　10. 短路环　11. 线圈

　　交流接触器在分断大电流电路时，在动、静触头之间会产生较大的电弧，它不仅会烧坏触头，延长电路分断时间，严重时还会造成相间短路，所以在 20 A 以上的接触器上均装有陶瓷灭弧罩，以迅速切断触头分断时所产生的电弧。

　　交流接触器在电路中的符号如图 7 – 1 – 16 所示。

a. 线圈　　　b. 主触头　　c. 辅助常开触头　　d. 辅助常闭触头

图 7 – 1 – 16　交流接触器的符号

（二）接触器的安装

1. 安装前的检查

　　（1）检查接触器铭牌与线圈的技术数据是否符合实际使用要求。

　　（2）检查接触器外观，应无机械损伤。用手推动接触器可动部分时，接触器应动作灵活，无卡阻现象。灭弧罩应完整无损，固定牢固。

（3）将铁芯极面上的防锈油脂或粘在极面上的污垢用煤油擦净，以免多次使用后衔铁被粘住，造成断电后不能释放。

（4）测量接触器的线圈电阻和绝缘电阻。

2. 安装工艺

（1）交流接触器一般应安装在垂直面上，倾斜度不得超过5°。若有散热孔，则应将有孔的放在垂直方向上，以利于散热，并按规定给产生的电弧留有适当的空间，以免电弧烧坏相邻电器。

（2）安装和接线时，注意不要将零件失落或掉入接触器内部。安装孔的螺钉应装有弹簧垫圈和平垫圈，并拧紧螺钉以防振动松脱。

（3）安装完毕，检查接线正确无误后，在主触头不带电的情况下操作几次，然后测量接触器的动作值和释放值，所测数值应符合产品的规定要求。

（三）接触器的选用

（1）接触器主触头的额定电压应大于或等于控制线路的额定电压。

（2）接触器控制电阻性负载时，主触头的额定电流应等于负载的额定电流。控制电动机时，主触头的额定电流应大于或稍大于电动机的额定电流。

（3）当控制线路简单，使用电器较少时，为节省变压器，可直接选用380 V或220 V的电压。当线路复杂，使用电器超过5个月时，从人身和设备安全角度考虑，吸引线圈电压要选低一些，可用36 V或110 V电压的线圈。

（4）接触器的触头数量及类型在选择时应满足控制线路的要求。

（四）接触器的维修

1. 交流接触器的常见故障及其处理

（1）触头的故障及其处理：交流接触器在工作时往往需要频繁地接通和断开大电流电路，因此它的主触头是较容易损坏的部件。交流接触器触头的常见故障一般有触头过热、触头磨损和主触头熔焊等情况。

1）触头过热：动、静触头间存在着接触电阻，有电流通过时便会发热。正常情况下触头的温升不会超过允许值，但当动、静触头间的接触电阻过大或通过的电流过大时，触头发热严重，使触头温度超过允许值，造成触头特性变坏，甚至产生触头熔焊。触头过热的主要原因及处理方法如下：

a. 通过动、静触头间的电流过大。触头电流过大的原因主要有系统电压过高或过低，用电设备超负荷运行，触头容量选择不当和故障运行等。

b. 动、静触头间接触电阻过大。接触电阻是触头的一个重要参数，其大小关系到触头的发热程度。造成触头间接触电阻增大的原因有：一是触头压力不足。不同规格和结构形式的接触器，其触头压力的值不同。对同一规格的接触器而言，一般是触头压力越大，接触电阻越小。触头压力弹簧受到机械损伤或电弧高温的影响而失去弹性，触头长期磨损变薄等都会导致触头压力减小，接触电阻增大。遇此情况，首先应调整压力弹簧，若经调整后压力仍达不到标准要求，则应更换新触头。二是触头表面接触不良。造成触头表面接触不良的原因主要有：油污和灰尘在触头表面形成一层电阻层，铜质触头表面氧化，触头表面被电弧灼伤、烧毛，使接触面积减小等。对触头表面的油污，可用煤油或四氯化碳清洗；铜质触头表面的氧化膜应用小刀轻轻刮去，但对银或银基合金触头表面的氧化层可不做处理，因为银氧化膜的导电性能与纯银相差不大，不影响触头的接触性能。对电弧灼伤的触头，应用刮刀或细锉修整。对用于大、中电流的触头表面，不要求修整得过分光滑，过分光滑会使接触面减小，接触电阻反而增大。

维修人员在修整触头时，不应刮削或锉削太严重，以免影响触头的使用寿命，更不允许用砂布或砂轮修磨，因为在修磨触头时砂布或砂轮会使砂粒嵌在触头表面上，反而导致接触电阻增大。

2）触头磨损触头：在使用过程中，触头的厚度会越用越薄，这就是触头磨损。触头磨损有两种：一种是电磨损，是由于触头间电弧或电火花的高温使触头金属汽化所造成的；另一种是机械磨损，是由于触头闭合时的撞击及触头接触面的相对滑动摩擦等所造成的。

一般当触头磨损超过原有厚度的1/2时，应更换新触头。若触头磨损过快，应查明原因，排除故障。

3）主触头熔焊：动、静触头接触面熔化后焊在一起不能分断的现象，称为触头熔焊。当触头闭合时，由于撞击和产生振动，在动、静触头间的小间隙中产生短电弧，电弧产生的高温（可达3 000～6 000 ℃）使触头表面被灼伤甚至烧熔，熔化的金属冷却后便将动、静触头焊在一起。发生触头熔焊的常见原因有：接触器容量选择不当，使负载电流超过触头容量；触头压力弹簧损坏使触头压力过小；因线路过载使触头闭合时通过的电流过大等。实验证明，当触头通过的电流大于其额定电流的10倍以上时，将使触头熔焊。触头熔焊后，只有更换新触头，才能消除故障。如果因为触头容量不够而产生熔焊，则应选用容量较大的接触器。

（2）触头的调整：

1）接触器触头初压力、终压力的测定及调整：触头的初压力是指动、静触头刚接触时触头承受的压力。初压力来源于触头弹簧的预压缩量，它可使触头减小振动，避免触头熔焊及减轻烧蚀程度。触头的终压力是指触头完全闭合后作用于触头上的压力。终压力由触头弹簧的最终压缩量决定，它可使触头处于闭合状态时的接触电阻保持较低值。

接触器经长期使用以后，由于触头弹簧弹力减小或触头磨损等原因，会引起触头压力减小，接触电阻增大，此时应调整触头弹簧的压力，使初压力和终压力达到规定的值。

用弹簧秤可准确地测定触头的初压力和终压力，其方法如图 7 – 1 – 17 所示。将纸条或单纱线放在触头间或触头与支架间，一手拉弹簧秤，另一手轻轻拉纸条或单纱线，纸条或单纱线刚可以拉出时弹簧秤上的力即所测得的力。如果测得的值与计算值不符，或超出产品目录上所规定的范围，可调整触头弹簧。若触头弹簧损坏，可更换新弹簧或按原尺寸自制弹簧。

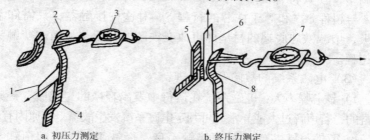

a. 初压力测定　　　　　　　　b. 终压力测定

图 7 – 1 – 17　触头初压力和终压力的测定

1、6. 纸条　2、8. 动触头　3、7. 弹簧秤　4. 支架　5. 静触头

在调整时如没有弹簧秤，可用纸条凭经验来测定触头压力。将一条比触头略宽的纸条夹在动、静触头之间，并使触头处于闭合状态，然后用手拉纸条，一般小容量接触器稍用力即可拉出，对于较大容量的接触器，纸条拉出后有撕裂现象。出现这种现象时，一般认为触头压力较合适。若纸条很容易被拉出，说明触头压力不够；若纸条被拉断，则说明触头压力太大。

2）接触器触头开距和超程的调整：触头开距 e 是指触头处于完全断开位置时，动、静触头间的最短距离，如图 7 – 1 – 18a 所示，其作用是保证触头断开之后有必要的安全绝缘间隔。超程 c 是指接触器触头完全闭合后，假设将静（或动）触头移开时，动（或静）触头能继续移动的距离，如图 7 – 1 – 18c 所示。其作用是保证触头磨损后仍能可靠地接触，即保证触头压力的最小值。当超程不符合规定时，应更换新触头。

接触器经拆卸或更换零部件后，应对触头的开距和超程等进

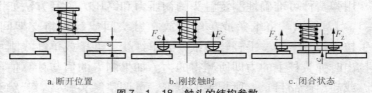

a.断开位置　　　　b.刚接触时　　　　c.闭合状态

图 7 - 1 - 18　触头的结构参数

行调整，使其符合要求。如图 7 - 1 - 18 所示，接触器触头的开距 e 与超程 c 之和等于铁芯的行程 S。对这种接触器，只需卸下底板，增减铁芯底端的衬垫即可改变铁芯的行程，从而改变触头的超程。

（3）电磁系统的故障及其处理：

1）铁芯噪声大：电磁系统在运行中发出轻微的"嗡嗡"声是正常的，若声音过大或异常，可判定电磁系统发生故障。其原因有：

a. 衔铁与铁芯的接触面接触不良、衔铁歪斜，引起衔铁与铁芯多次碰撞使接触面磨损或变形，或接触面上有锈垢、油污、灰尘等，导致吸合时产生振动和噪声，使铁芯加速损坏，同时会使线圈过热，严重时甚至会烧毁线圈。

如果振动由铁芯端面上的油垢引起，应拆下清洗；如果是由端面变形或磨损引起，可用细砂布平铺在平铁板上，来回推动铁芯将端面修平整。对 E 形铁芯，维修中应注意铁芯中柱接触面间要留有 0.1 ~ 0.2 mm 的防剩磁间隙。

b. 短路环损坏：交流接触器在运行过程中，铁芯经多次碰撞后，嵌装在铁芯端面内的短路环有可能断裂或脱落，此时铁芯产生强烈的振动，发出较大噪声。短路环断裂多发生在槽外的转角和槽口部分，维修时可将断裂处焊牢或照原样重新更换一个，并用环氧树脂加固。

c. 机械方面的原因：如果触头压力过大或因活动部分受到卡阻，使衔铁和铁芯不能完全吸合，都会产生较强的振动和噪声。

2）衔铁吸不上：当交流接触器的线圈接通电源后，衔铁不能被铁芯吸合，应立即断开电源，以免线圈被烧毁。

衔铁吸不上的原因主要有：一是线圈引出线的连接处脱落，线圈断线或被烧毁。二是电源电压过低或活动部分卡阻。若线圈通电后衔铁没有振动和发出噪声，多属第一种原因；若衔铁有振动和发出噪声，多属于第二种原因。对不同故障应根据实际情况排除。

3）衔铁不释放：当线圈断电后，衔铁不释放，此时应立即断开电源开关，以免发生意外事故。

衔铁不释放的原因主要有：触头熔焊，机械部分卡阻，反作用弹簧损坏，铁芯端面有油垢，E 形铁芯的防剩磁间隙过小导致剩磁增大等。

4）线圈的故障及其处理：线圈的主要故障是由于所通过的电流过大导致线圈过热甚至烧毁。线圈电流过大的原因主要有：

a. 线圈匝间短路：由于线圈绝缘损坏或受机械损伤，形成匝间短路或局部对地短路，在线圈中会产生很大的短路电流，产生热量将线圈烧毁。

b. 铁芯与衔铁闭合时有间隙：交流接触器线圈两端电压一定时，它的阻抗越大，通过的电流越小。当衔铁在分开位置时，线圈阻抗最小，通过的电流最大。铁芯吸合过程中，衔铁与铁芯的间隙逐渐减小，线圈的阻抗逐渐增大，当衔铁完全吸合后，线圈阻抗最大，电流最小。因此，如果衔铁与铁芯间不能完全吸合或接触不紧密，会使线圈电流增大，导致线圈过热以致被烧毁。

从上面的分析可知，对交流接触器而言，衔铁每闭合一次，线圈要受一次大电流冲击，如果操作频率过高，线圈会在大电流的连续冲击下造成过热，甚至被烧毁。

c. 线圈两端电压过高或过低：线圈电压过高，会使电流增大，甚至超过额定值；线圈电压过低，会造成衔铁吸合不紧密而产生振动，严重时衔铁不能吸合，电流剧增使线圈被烧毁。

线圈被烧毁后，一般应重新绕制。如果短路的匝数不多，短路又在靠近线圈的端部，而其余部分尚完好无损，则可拆去已损坏的几圈，其余的可继续使用。

线圈需重绕时，可从铭牌或工具书上查出线圈的匝数和线径，也可从烧毁线圈中测得匝数和线径。线圈绕好后，先放入 105 ~ 110 ℃ 的烘箱中预烘 3 h，冷却至 60 ~ 70 ℃ 后，浸绝缘漆，滴尽余漆后放入 110 ~ 120 ℃ 的烘箱中烘干，冷却至常温即可使用。

2. 交流接触器的检修

（1）拆卸：

1）松去灭弧罩紧固螺钉，取下弧罩。

2）拉紧主触点定位的弹簧夹，取下主触点及主触点压力弹簧片。拆卸主触点时必须将主触点横向旋转 45° 后取下。

3）松去辅助常开静触点的线桩螺丝钉，取下常开静触点。

4）松去接触器底部的盖板螺丝钉，取下盖板，在松盖板螺钉时，要用手按着盖板，并慢慢放松。

5）取下静铁芯缓冲绝缘纸片、静铁芯及静铁芯支架。

6）取下缓冲弹簧。

7）拔出线圈接线端的弹簧夹片，取下线圈。

8）取下反作用弹簧，抽出动铁芯和支架。

9）在支架上取下动铁芯定位销。

10）取下动铁芯及缓冲绝缘纸片。

（2）检修：

1）拆卸后用干净布蘸少许汽油擦去动、静铁芯端面上的油垢。

2）检查动、静铁芯吻合后，中间铁芯柱间是否留有 0.02 ~ 0.05 mm 的气隙，否则应用锉刀修出气隙。

3）检查灭弧罩有无破裂或烧损，清除灭弧罩内的金属飞溅物和颗粒。

4）检查触头的磨损程度，磨损严重时应更换触头。若不需更换，则清除触头表面上烧毛的颗粒。

5）清除铁芯端面的油污，检查铁芯有无变形及端面接触是否平整。

6）检查触头压力弹簧和反作用弹簧是否变形，或弹簧弹力是否不足，如有需要则更换弹簧。

（3）触头压力的测量和调整：用纸条凭经验判断触头压力是否合适。将一张厚约 0.1 mm 的比触头稍宽的纸条夹在 CJ10—20 型接触器的触头间，使触头处于闭合位置，用手拉动纸条。若触头压力合适，稍用力纸条即可拉出；若纸条很容易被拉出，说明触头压力不够；若纸条被拉断，说明触头压力太大。可调整触头弹簧或更换弹簧，直至符合要求。

（4）注意事项：

1）对接触器进行检查，发现问题应及时处理。

2）拆卸时，应备有盛放零件的容器，以免失落零件；拆装过程中，不允许硬撬，以免损坏电器。

3）锉刀修正铁芯端面时，应按照与铁芯硅钢片相平行的方向进行锉削，以减小涡流损耗。

4）装配顺序与拆卸时相反。

5）自检。用万用表欧姆挡检查线圈及各触点是否良好，并用手按主触点检查运动部分是否灵活，防止产生接触不良和振动及噪声。

6）通电校验。接触器应固定在校验板上，必须在不大于 1 min 内，连续进行 10 次分、合试验，如 10 次试验全部成功则为合格。通电校验时，应有专人监护，以确保用电安全。

七、继电器的种类、安装、选用与维修

（一）热继电器的种类、安装、选用与维修

热继电器是利用电流的热效应对电动机或其他用电设备进行过载保护的控制电器，热继电器主要用于电动机的过载保护、断相保护、电流不平衡运行的保护及其他电气设备发热状态的控制。

1. **热继电器的种类**　热继电器的形式有多种，其中双金属片式应用最多。热继电器按极数划分可分为单极、两极和三极三种，按复位方式分为自动复位式和手动复位式。

热继电器的型号及含义如下：

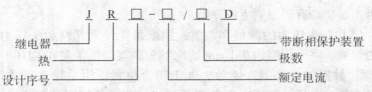

繼電器 —— J R □ - □ / □ D —— 带断相保护装置
熱 —— —— 极数
设计序号 —— —— 额定电流

目前我国在生产中常用的热继电器有 JR16、JR20 等系列，以及引进的 T 系列、JRS2（3UA）等系列产品，均为双金属片式，如图7－1－19 所示。

a. T系列   b. JRS2(3UA)系列   c. JR16系列

图7－1－19　热继电器的外形

JR16B 系列热继电器的结构如图 7－1－20 所示。它主要由热元件、动作机构、触头系统、电流整定装置、复位机构和温度补偿元件等部分组成。使用时，将热继电器的三相热元件分别串联在电动机的三相主电路中，常闭触头串联在控制电路的接触器线圈回路中。当电动机过载时，流过电阻丝的电流超过热继电器的整定电流，电阻丝发热，主双金属片向右弯曲，推动导板向右移动，通过温度补偿双金属片推动推杆绕轴转动，从而推动触头系统动作，动触头与常闭静触头分开，使接触器线圈断电，接触器触头断开，将电源切除起保护作用。电源切除后，主双金属片逐渐冷却恢复原位，于是动触头在失去作用力的情况下，靠弓簧的弹性自动复位。除上述自动复位外，也可采用手动方法，即按一下复位按钮。

热继电器在电路中只能作为过载保护，不能作为短路保护，因为双金属片从升温到发生弯曲直到断开常闭触头需要一段时

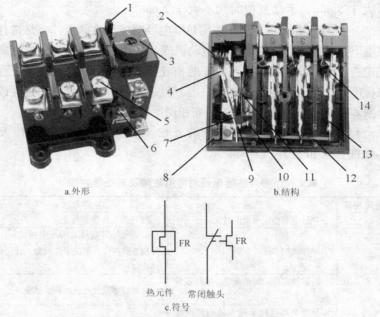

a.外形　　　　　　　　　　b.结构

热元件　　常闭触头

c.符号

图 7 - 1 - 20　JR16B 系列热继电器

1. 手动复位按钮　2. 压簧　3. 电流整定旋钮　4. 连杆　5. 主接线端　6. 常闭
触头接线　7. 推杆　8. 复位调节螺钉　9. 动触头　10. 静触头　11. 弓簧
12. 导板　13. 电阻丝　14. 热元件

间，不可能在短路瞬间分断电路。

2. 热继电器的安装

（1）热继电器的热元件应串联在主电路中，常闭触点应串联在控制电路中。

（2）热继电器的整定电流应按电动机的额定电流自行调整。绝对不允许弯折双金属片。

（3）在一般情况下，热继电器应置于手动复位的位置上。若需要自动复位时，可将复位调节螺钉沿顺时针方向向里旋足。

（4）热继电器因电动机过载动作后，若需再次启动电动机，必须待热元件冷却后，才能使热继电器复位。一般自动复位时间不大于 5 min，手动复位时间不大于 2 min。

3. 热继电器的选用　在选用热继电器时应注意两点：一是选择热继电器的额定电流时应根据电动机或其他用电设备的额定电流来确定；二是热继电器的热元件有两相或三相两种形式，在一般工作机械电路中可选用两相的热继电器，但是，当电动机为△连接并以熔断器作短路保护时，则选用带断相保护装置的三相热继电器。

4. 热继电器的常见故障及其处理　热继电器的常见故障及其处理方法如表 7 - 1 - 8 所示。

表 7 - 1 - 8　热继电器的常见故障及其处理方法

故障现象	故障原因	处理方法
不动作	热继电器整定电流值过大	按要求调整整定电流值
	动作机构卡住	应清除热继电器上的灰尘和油垢，并检查磨损件，解决卡住现象，保证动作灵活
	可调整部件的螺钉松动，推杆或导板脱出	将螺钉铆紧，并重新调整试验
	热继电器通过了较大的短路电流后，双金属片已产生永久性变形	更换双金属片，重新进行调整试验
	可调整部件损坏或未对准刻度	更换部件，对准刻度，再调整试验
	连接线的接线螺钉松动或脱出	紧固螺钉
	热元件烧断或脱焊	更换热元件或重新焊牢
	触点接触不良或触点失灵不能断开	清除触点的灰尘、油污
	热继电器型号规格选错，使动作电流大于电动机的额定电流	选用合适的热继电器
误动作	整定电流值偏小，造成未过载就动作	调节整定电流值，如热继电器额定电流或热元件号不符合要求，应更换
	电动机启动时间过长，使热继电器在启动过程中动作	改进控制线路，启动时短接热继电器，正常运行时再接热继电器
	设备操作频率过高，使热继电器经常受启动电流冲击而动作	调整操作次数
	使用场所有强烈的冲击及振动，使热继电器动作机构常闭触点断开	调换合适的热继电器，并调整整定电流值
	环境温度过高、过低	改善使用环境条件，使温度保持在 30～40 ℃

故障现象	故障原因	处理方法
热元件烧断	负荷侧出现短路，电流过大	切除电源，切断电路，排除故障，或更换热元件
	负荷电流过大	更换热继电器，并重新调整整定电流
	反复短时工作，操作次数较高	合理选用热继电器
	机械机构故障，在启动过程中热继电器不能动作	更换热继电器
动作时快时慢	内部机构有些部件松动	紧固部件
	接线螺钉松动	紧固螺钉
	检修中折弯了双金属片	用高倍电流试几次，或将双金属片进行热处理，以去除内应力
无法调整	热元件的发热量太小，或装错了热继电器	更换电阻值较大的热元件或电流值较小的热继电器
	双金属片安装的方向反了，或双金属片用错	改变安装方向或更换双金属片
主回路不通	热元件烧坏	更换热元件
	接线螺钉松动	紧固螺钉
控制回路不通	触头被烧坏，或动触点的弹性消失，动、静触点接触不良	检修触点及触片
	刻度盘或调整螺钉转不到合适位置，将触点顶开	调整刻度盘和螺钉

（二）时间继电器的种类、安装、选用与维修

时间继电器作为辅助元件用于各种保护及自动装置中，使被控元件达到所需要的延时动作。它利用了电磁机构或机械动作的原理，当线圈通电或断电以后触头自动延迟闭合或断开。

常用的时间继电器主要有电磁式、电动式、空气阻尼式、晶体管式等几种。目前，在电力拖动线路中应用较多的是空气阻尼式时间继电器。随着电子技术的发展，近年来晶体管式时间继电器应用日益广泛。

1. 空气阻尼式时间继电器　常用的空气阻尼式时间继电器 JS7 – A 系列。JS7 – A 系列时间继电器的外形和结构如图 7 – 1 –

21 所示。它主要由电磁系统、触头系统、空气室、传动机构和基座组成。这种继电器有通电延时与断电延时两种类型。

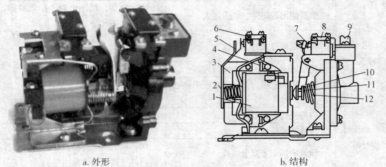

a. 外形　　　　　　　　　　b. 结构

图 7 - 1 - 21　JS7 - A 系列时间继电器

1. 线圈　2. 反力弹簧　3. 衔铁　4. 铁芯　5. 弹簧片　6. 瞬时触头　7. 杠杆

8. 延时触头　9. 调节螺钉　10. 推杆　11. 活塞杆　12. 宝塔形弹簧

2. 晶体管式时间继电器　晶体管式时间继电器也称为半导体时间继电器和电子式时间继电器，它具有结构简单、延时范围广、精度高、消耗功率小、调整方便及寿命长等优点，所以发展很迅速，应用范围也越来越广。晶体管式时间继电器按结构分为阻容式和数字式两类；按延时方式分为通电延时型、断电延时型及带瞬动触点的通电延时型。常用的 JS20 系列晶体管式时间继电器适用于交流 50 Hz，电压 380 V 及以下或直流 110 V 及以下的控制电路，作为时间控制元件，按预定的时间延时，周期性地接通或分断电路。

JS20 系列晶体管式时间继电器的外形和接线示意如图 7 - 1 - 22 所示。

（1）结构：JS20 系列晶体管时间继电器具有保护外壳，其内部结构采用专用的插接座，并配有带插脚标记的下标牌作接线指示，上标盘上还带有发光二极管作为动作指示。结构形式有外接式、装置式和面板式三种。

（2）工作原理：JS20 系列通电延时型晶体管时间继电器电

a. 外形

b. 接线示意

图 7 - 1 - 22　JS20 系列晶体管时间继电器

路如图 7 - 1 - 23 所示。

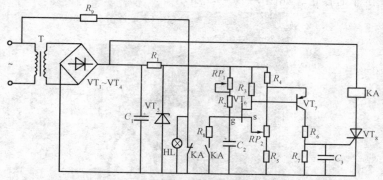

图 7 - 1 - 23　JS20 系列通电延时型晶体管时间继电器电路

3. 时间继电器的安装

（1）JS7 时间继电器的安装：依据电路图的要求首先检查时间继电器的状态，如果发现是断电延时型时间继电器，应将线圈部分转动180°，改为通电延时型时间继电器。无论是通电延时型还是断电延时型，都必须是在断电之后，释放时衔铁的运动垂直向下，其倾斜度不得超过5°。时间继电器整定时间旋钮的刻度值应正对安装人员，以便安装人员看清，容易调整。

1）空气阻尼式时间继电器的安装与调整如图7－1－24所示。

a. 外形　　　　　　　　　b. 时间整定

图7－1－24　空气阻尼式时间继电器的安装与调整

2）JS7时间继电器的调整，应在不通电时预先整定好，并在试车时校正，如图7－1－25所示。

图7－1－25　JS7时间继电器的整定

3）JS20时间继电器的安装与调整，应在不通电时预先整定好，并在试车时校正，如图7－1－26所示。

a. 安装底座

b. 插入时间继电器

图 7 - 1 - 26　JS20 时间继电器的安装

4. 时间继电器的常见故障及其处理

（1）空气阻尼式时间继电器的常见故障及其处理如表 7 -1 - 9 所示。

表 7 - 1 - 9　空气阻尼式时间继电器的常见故障及其处理

故障现象	可能的原因	处理方法
延时触头 不动作	电磁线圈断线	更换线圈
	电源电压过低	调高电源电压
	传动机构卡住或损坏	排除卡住故障或更换部件
延时时间 缩短	气室装配不严，漏气	修理或更换气室
	橡皮膜损坏	更换橡皮膜
延时时间 变长	气室内有灰尘，使气道阻塞	清除气室内灰尘，使气道畅通

（2）晶体管式时间继电器常见故障及其处理

1）当调节延时时间的可调电位器使用日久，电位器内碳膜磨损或进入灰尘，会使延时时间不准确。应用少量汽油顺着电位器旋柄滴入，并转动旋柄，或对磨损严重的电位器及时更换。

2）晶体管损坏、老化，造成延时电器参数改变，会使延时时间不准确，甚至不延时。应拆下继电器进行检修或更换。

3）晶体管时间继电器因受振动，使元件焊点松动，脱离插座。应进行仔细检查或重新补焊。

4）检查元件的外观有无异常，不要随意拆开外壳进行元件调换、焊接，以免损坏元件，扩大故障面。在更换或使用代用元件时，应选用相同型号、相同电压、延时范围接近的晶体管时间继电器。

（三）速度继电器的使用、安装、选用与维修

1. **速度继电器的使用**　速度继电器是反映转速和转向的继电器，其主要作用是以旋转速度的快慢为指令信号，与接触器配合实现对电动机的反接制动控制，故又称为反接制动继电器。常用速度继电器的型号及含义如下：

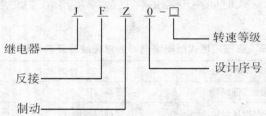

JY1 型速度继电器的外形、结构和工作原理分别如图 7 - 1 - 27 和图 7 - 1 - 28 所示。它主要由定子、转子、可动支架、触头系统及端盖等部分组成。转子由永久磁铁制成，固定在转轴上。定子由硅钢片叠成并装有笼型短路绕组，能小范围偏转。触头系统由两组转换触头组

图 7 - 1 - 27　JY1 型速度继电器的外形

成，一组在转子正转时动作，另一组在转子反转时动作。

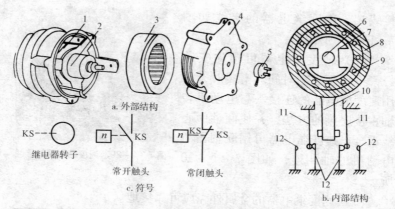

图 7 - 1 - 28　JY1 型速度继电器的结构和工作原理

1. 可动支架　2. 转子　3. 定子　4. 端盖　5. 连接头　6. 电动机轴　7. 转子
（永久磁铁）　8. 定子　9. 定子绕组　10. 胶木摆杆　11. 簧片（动触头）　12. 静触头

　　当电动机旋转时，带动与电动机同轴相连的速度继电器的转子旋转，相当于在空间中产生旋转磁场，从而在定子笼型短路绕组中产生感应电流。感应电流与永久磁铁的旋转磁场相互作用，产生电磁转矩，使定子随永久磁铁转动的方向偏转，与定子相连的胶木摆杆也随之偏转。当定子偏转到一定角度，胶木摆杆推动簧片，使继电器的触头动作。

　　当转子转速减小到零时，由于定子的电磁转矩减小，胶木摆杆恢复原状态，触头随即复位。

　　速度继电器的动作转速一般不低于 100 ~ 300 r/min，复位速度在 100 r/min 以下。常用的速度继电器中，JY1 型能在 3 000 r/min 以下可靠工作。JFZ0 型的两组触头改用两个微动开关，使其触头的动作速度不受定子偏转速度的影响，额定工作转速有 300 ~ 1 000 r/min（JFZ0—1）型和 1 000 ~ 3 600 r/min（JFZ0 - 2 型）两种。

　　2. 速度继电器的安装

　　（1）安装速度继电器前，要弄清其结构，辨明常开触头的

接线端。速度继电器的接线如图
7 – 1 –29 所示。

（2）速度继电器可预先安装
好，不属于定额时间。安装时，采
用速度继电器的连接头与电动机转
轴直接连接的方法，并使两轴中心
线重合。速度继电器可用联轴器与
电动机的轴相连，如图 7 – 1 – 30
所示。

图 7 – 1 – 29　速度继电器的接线

（3）速度继电器的金属外壳应可靠接地。

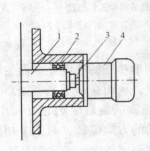

a. 速度继电器与电动机的连接

b. 效果图

图 7 – 1 – 30　速度继电器的安装

1. 电动机轴　2. 电动机轴承　3. 联轴器　4. 速度继电器

（4）通电试车时，若制动不正常，可检查速度继电器是否
符合规定要求。若需调节速度继电器的调整螺钉，必须切断电
源，以防出现对地短路而引起事故。

（5）速度继电器动作值和返回值的调整应根据负载的情况
来设定。

（6）制动操作不易过于频繁。

3. 速度继电器的选用　速度继电器主要根据所需控制速度
的大小、触头的数量和电压、电流来选用。

4. 速度继电器常见故障及其处理　　速度继电器的常见故障及其处理方法如表 7 - 1 - 10 所示。

表 7 - 1 - 10　速度继电器的常见故障及其处理

故障现象	可能的原因	处理方法
反节制动时速度继电器失效，电动机不制动	胶木摆杆断裂	更换胶木摆杆
	触头接触不良	清洗触头表面油污
	弹性动触片断裂或失去弹性	更换弹性动触片
	笼型绕组断路	更换笼型绕组
电动机不能正常制动	速度继电器弹性动触片调整不当	重新调节调整螺钉： （1）将调节螺钉向下旋，弹性动触片弹性增大，速度较高时继电器才能动作 （2）将调节螺钉向上旋，弹性动触片弹性减小，速度较低时继电器即动作

第二节　常用电气控制线路的安装与维修

一、常用电气控制线路的安装

（一）板前明线布线

1. 板前明线布线的要求

（1）布线通道尽可能少，同时并行导线按主、控电路分类集中，单层密排，紧贴安装面布线。

（2）同一平面的导线应高低一致或前后一致，不能交叉。非交叉不可时，该根导线应在接线端子引出时，就水平架空跨越，但必须走线合理。

（3）布线应横平竖直，分布均匀。变换走向时应垂直。

（4）布线时严禁损伤线芯和导线绝缘。

（5）布线顺序一般以接触器为中心，由里向外、由低至高，先进行控制电路布线，后进行主电路布线，以不妨碍后续布线为原则。

（6）在每根剥去绝缘层的导线的两端套上编码套管。所有从一个接线端子（或接线桩）到另一个接线端子（或接线桩）的导线必须连续，中间无接头。

（7）导线与接线端子或接线桩连接时，不得压绝缘层，不反圈，不露铜过长。

（8）同一元件、同一回路的不同接点的导线间距应保持一致。

（9）一个电器元件的接线端子上的连接导线不得多于两根，每节接线端子板上的连接导线一般只允许连接一根。

2. 板前明线布线的步骤　下面以三相异步电动机具有过载保护自锁控制线路的安装为例，说明电气控制线路的安装步骤。

（1）分析电路原理：三相异步电动机具有过载保护自锁正转控制线路的原理如图 7-2-1 所示。

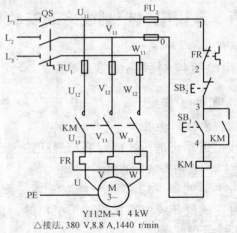

Y112M-4　4 kW
△接法，380 V,8.8 A,1440 r/min

图 7-2-1　三相异步电动机具有过载保护自锁正转控制线路

具有过载保护的自锁控制线路不但能使电动机连续运转，而且还具有欠压、失压（或零压）和过载保护作用。

（2）电器元件检查：按有关要求配齐所用电器元件，并进行校验。

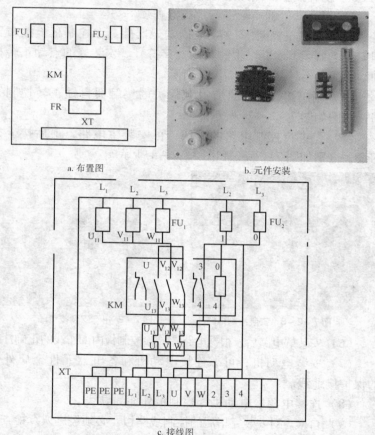

a. 布置图　　　　b. 元件安装

c. 接线图

图7-2-2　三相异步电动机具有过载保护自锁正转控制线路板

1）电器元件的技术数据（如型号、规格、额定电压、额定电流等）应完整并符合要求，外观无损伤，备件、附件齐全完好。

2）检查电器元件的电磁机构动作是否灵活，有无衔铁卡阻等不正常现象。用万用表检查电磁线圈的通断情况以及各触头的分合情况。

3）检查接触器线圈的额定电压与电源电压是否一致。

4）对电动机的质量进行常规检查。

（3）根据布置图7-2-2a固定元器件：在控制板上按布置图安装电器元件，并贴上醒目的文字符号。安装好的点动正转控制线路的元器件如图7-2-2b所示。

（4）画出接线图。具有过载保护的接触器自锁正转控制线路接线图如图7-2-2c所示。

（5）先进行控制电路的配线，再安装主电路，最后接上按钮线，分别如图7-2-3和图7-2-4所示。

图7-2-3　安装控制电路　　　　图7-2-4　安装按钮线

（6）安装好电路后，根据电路图检验控制板内部布线的正确性。

（7）安装电动机，可靠连接电动机和各电器元件金属外壳的保护接地线。

（8）连接电源、电动机等控制板外部的导线。

（9）自检。对安装完毕后的控制线路板，必须经过认真检查后才允许通电试车，以防错接、漏接造成不能正常运转和短路事故。

1）按电路图或接线图从电源端开始，逐段核对接线及接线端子处线号是否正确，有无漏接、错接之处。检查导线接点是否符合要求，压接是否牢固。接触应良好，以免带负载运行时产生闪烁现象。

2）用万用表检查线路的通断情况。对控制电路的检查（可断开主电路），可将表棒分别搭在 U_{11}、V_{11} 线端上，读数应为"∞"，按下 SB 时，读数应为接触器线圈的直流电阻值。然后断开控制电路再检查主电路有无断路或短路现象，此时可用手动来代替接触器通电进行检查。

3）用兆欧表检查线路的绝缘电阻应不得小于 1 MΩ。

（10）交验，检查无误后通电试车。试车前应检查与通电试车有关的电气设备是否有不安全的因素存在，若检查出应立即整改，然后方能试车。在通电试车时，要认真执行安全操作规程的有关规定，一人监护，一人操作。

1）通电试车时，必须有专人在现场监护。合上电源开关 QS后，用试电笔检查熔断器出线端，氖管亮说明电源接通。按下 SB，观察接触器情况是否正常，是否符合线路功能要求，观察电器元件动作是否灵活，有无卡阻及噪声过大等现象，观察电动机运行是否正常等。但不得对线路接线是否正确进行带电检查。观察过程中，若有异常现象应马上停车。当电动机运转平稳后，用钳形电流表测量三相电流是否平衡。

2）通电试车完毕，停转，切断电源。先拆除三相电源线，再拆除电动机线。

3）注意事项：

a. 电动机及按钮的金属外壳必须可靠接地。接至电动机的导线必须穿在导线通道内加以保护，或采用四芯橡皮线或塑料护套线进行临时通电试验。

b. 电源线应接在螺旋式熔断器的下接线座上，出线应接在上接线座上。

（二）软线布线

1. 板前线槽软线配线的要求

（1）所有导线的横截面积在等于或大于 0.5 mm^2 时，必须采用软线。考虑机械强度的原因，所用的最小横截面积，在控制箱外为 1 mm^2，在控制箱内为 0.75 mm^2。但对控制箱内只流过很小电流的电路连线，如电子逻辑线路，可用 0.2 mm^2 的，并且可以采用硬线，但只能用于不移动又无振动的场合。

（2）布线时，严禁损伤线芯和绝缘导线。

（3）各电器元件接线端子引出导线的走向，以元件的水平中心线为界线，在水平中心线以上接线端子引出的导线，必须进入元件上面的行线槽；在水平中心线以下接线端子引出的导线，必须进入元件下面的行线槽。任何导线都不允许从水平方向进入行线槽。

（4）各电器元件接线端子上引入或引出的导线，除间距很小和元件机械强度很差并允许直接架空敷设外，其他导线必须经过行线槽进行连接。

（5）进入行线槽内的导线要完全置于行线槽内，并应尽可能避免交叉，装线不得超过其容量的 70%，以便能盖上行线槽盖及方便以后的装配及维修。

（6）各电器元件与在行线槽之间的外露导线，应走线合理，并应尽可能做到横平竖直，变换走向要垂直。同一个元件上位置一致的端子上引出或引入的导线，要敷设在同一平面上，并应做到高低一致或前后一致，不得交叉。

（7）所有接线端子、导线接头上都应套有与电路图上相应接点线号一致的编码套管，并按线号进行连接，连接必须可靠，不得松动。

（8）在任何情况下，接线端子必须与导线截面和材料性质相适应。当接线端子不适合连接软线或截面较小的软线时，可以在导线端头穿上针形或叉形扎头并压紧。

（9）一般一个接线端子只能连接一根导线，如果采用专门设计的端子，可以连接两根或多根导线，但导线的连接方式必须是公认的、在工艺上成熟的方式，如夹紧、压接、焊接、绕接等，并应严格按照连接工艺的工序要求进行。

2. 板前线槽软线配线的步骤　下面以三相异步电动机自动循环控制线路的安装为例，说明板前线槽软线配线的步骤。

（1）分析电路原理：工作台自动往返控制电路如图7－2－5所示。为了使电动机的正反转控制与工作台的往返相配合，在控制线路中设置了四个位置开关 SQ₁、SQ₂、SQ₃ 和 SQ₄，并把它们安装在工作台需限位的地方。其中 SQ₁、SQ₂ 被用来自动换接正反转控制电路，实现工作台自动往返行程控制；SQ₃ 和 SQ₄ 被用来作终端保护，以防止 SQ₁、SQ₂ 失灵使工作台越过限定位置而造成事故。在工作台边的 T 形槽中装有两块挡铁，挡铁 1 只能和 SQ₁、SQ₃ 相碰，挡铁 2 只能和 SQ₂、SQ₄ 相碰。当工作台达到限定位置时，挡铁碰撞位置开关，使其触头动作，自动换接电动机正反转控制电路，通过机械机构使工作台自动往返运动。工作台行程可通过移动挡铁位置来调节。

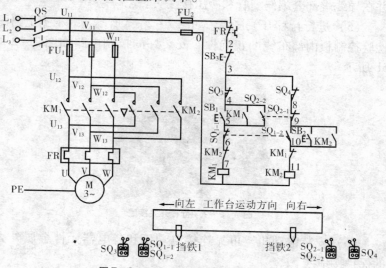

图7－2－5　工作台自动往返控制电路

（2）按要求配齐所用的元器件，并进行质量检验。

（3）画出布置图（图7－2－6a），在控制板上按布置图安装行线槽和所有的电器元件，安装行线槽时，应先做到横平竖直，排列整齐匀称，安装牢固和便于走线等，如图7-2-6b所示。

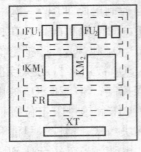

a. 布置图　　　　　　　　　　　　b. 安装电路板

图7-2-6　工作台自动往返控制电路布置示意

（4）按电路图、布置图以及操作工艺进行板前线槽配线，并在导线端部套编码套管和冷压接线头。

（5）进行行程开关接线，如图7-2-7所示，并根据电路图检验控制板内部布线的正确性。安装好的控制电路如图7-2-6b所示。

图7-2-7　行程开关接线

（6）安装电动机。可靠连接电动机和各电器元件金属外壳的保护接地线。

（7）连接电源、电动机等控制板外部的导线。

（8）自检。

（9）交验，检查无误后通电试车。

二、常用电气控制线路的维修

（一）常用电气控制线路的维修方法

1. 直观法　直观法是根据电器故障的外部表现，通过目测、鼻闻、耳听等手段，来检查、判断故障的方法。运用直观法，不仅可以确定简单的故障，还可以把较复杂的故障缩小到较小的范围。

（1）调查研究：向机床操作者和发生时故障在场人员询问故障情况，包括故障外部表现、大致部位、发生故障时环境情况（如有无异常气体、明火等。热源是否靠近电器，有无腐蚀性气体侵蚀，有无漏水等）、是否有人修理过及修理的内容等。

（2）初步检查：根据调查的情况，看有关电器外部有无损坏，连线有无断路、松动，绝缘有无烧焦，螺旋熔断器的熔断指示器是否跳出，电器有无进水、油垢，开关位置是否正确等。

（3）试车：通过初步检查，确认不会使故障进一步扩大和造成人身、设备事故后，可进行试车检查。试车中要注意有无严重跳火、冒火、异常气味、异常声音等现象，一经发现应立即停车，切断电源。注意检查电动机的温升及电器的动作程序是否符合电气原理图的要求，从而发现故障部位。

（4）检查方法：

1）用观察火花的方法检查故障：电器的触点在闭合、分断电路或导线线头松动时会产生火花，因此可以根据火花的有无、大小等现象来检查电器故障。例如，正常紧固的导线与螺钉间不应有火花产生，当发现该处有火花时，说明线头松动或接触不良；电器的触点在闭合、分断电路时跳火，说明电路是通路，不跳火说明电路不通，当观察到控制电动机的接触器主触点两相有火花，一相无火花时，说明无火花的触点接触不良或这一相电路断路；三相中有两相的火花比正常的大，另一相比正常的小，可初步判断为电动机相间短路或接地；三相火花都有比正常的大，可能是电动机过载或机械部分卡住。在辅助电路中，接触器线圈电路通电后，衔铁不吸合，要分清是电路断路，还是因接触器机械部分卡住造成的。可按一下启动按钮，如按钮常开触点在闭合位置，断开时有轻微的火花，说明电路是通路，故障在接触器本身机械部分卡住等；如触点间无火花，说明电路是断路。

2）从电器的动作程序来检查故障：机床电器的工作程序应符合电气说明书和图纸的要求。如某一电路上的电器动作过早、过晚或不动作，说明该电路或电器有故障。此外，还可以根据电器发出的声音、温度、压力、气味等分析判断故障。

（5）注意事项：

1）当电器元件已经损坏时，应进一步查明故障原因后再更换，不然会造成元件的连续被烧坏。

2）试车时，手不能离开电源开关，以便随时切断电源。

3）直观法的缺点是准确性差，所以不经进一步检查不要盲目拆卸导线和元件，以免延误时机。

2. 电压检测法　用万用表的交流电压挡测量电压来判断电路故障的方法称为电压检测法。电压检测法一般有电压分阶测量法和电压分段测量法两种。

（1）电压分阶测量法：测量检查时，首先把万用表的转换开关置于交流电压500 V 的挡位上，然后按图7-2-8所示的方法进行测量。

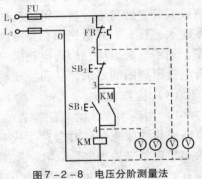

图7-2-8　电压分阶测量法

断开主电路，接通控制电路的电源。若按下启动按钮 SB₁时，接触器 KM 不吸合，则说明电路有故障。

检测时，需要两人配合进行。一人先用万用表测量0和1两点之间的电压，若电压为 380 V，则说明控制电路的电源电压正常。然后由另一人按下 SB$_1$ 不放，一人把黑表笔接到 0 点上，红表笔依次接到 2、3、4 各点上，分别测出 0 - 2、0 - 3、0 - 4 点之间的电压。根据其测量结果即可找出故障点。如表 7 - 2 - 1 所示。

表 7 - 2 - 1　　电压分阶测量法所测电压值及故障点

故障现象	测试状态	电压值/V			故障点
		0 - 2	0 - 3	0 - 4	
按下 SB$_1$ 时，KM 不吸合	按下 SB$_1$ 不放	0	0	0	FR 常闭触头接触不良
		380	0	0	SB$_2$ 常闭触头接触不良
		380	380	0	SB$_1$ 接触不良
		380	380	380	KM 线圈断路

这种测量方法像上（或下）台阶一样地依次测量电压，所以称为电压分阶测量法。

（2）电压分段测量法：测量检查时，首先把万用表的转换开关置于交流电压 500 V 的挡位上，然后按图 7 - 2 - 8 所示的方法进行测量。先用万用表测量图 7 - 2 - 9 中 0 - 1 两点间的电压，若为 380 V，则说明电源电压正常。然后一人按下启动按钮 SB$_2$，若接触器 KM$_1$ 不吸合，则说明电路有故障。这时另一人可用万用表的红、黑两根表棒逐段测量相邻两点 1 - 2、2 - 3、3 - 4、4 - 5、5 - 6、6 - 0 之间的电压，根据其测量结果即可找出故障点，如表 7 - 2 - 2 所示。

表 7 - 2 - 2　　电压分段测量法所测电压值及故障点

故障现象	测试状态	电压值/V						故障点
		1 - 2	2 - 3	3 - 4	4 - 5	5 - 6	6 - 0	
按下 SB$_2$ 时，KM$_1$ 不吸合	按下 SB$_2$ 不放	380	0	0	0	0	0	FR 常闭触头接触不良
		0	380	0	0	0	0	SB$_1$ 触头接触不良
		0	0	380	0	0	0	SB$_2$ 触头接触不良
		0	0	0	380	0	0	KM$_2$ 常闭触头接触不良
		0	0	0	0	380	0	SQ 触头接触不良
		0	0	0	0	0	380	KM$_1$ 线圈断路

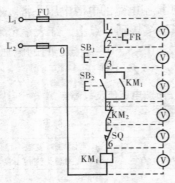

图7-2-9 电压分段测量法

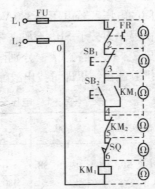

图7-2-10 电阻分段测量法

3. 电阻法

（1）电阻分段测量法：测量检查时，首先把万用表的转换开关置于倍率适当的电阻挡上，然后按图7-2-10所示方法进行测量。并逐段测量如图7-2-10所示的相邻号点1-2、2-3、3-4（测量时由一人按下 SB₂）、4-5、5-6、6-0间的电阻。

如果测得某两点间电阻值很大（∞），即说明该两点间接触不良或导线断路，如表7-2-3所示。

表7-2-3 电阻分段测量法查找故障点

故障现象	测试点	电阻值	故障点
按下 SB₂ 时，KM₁ 不吸合	1-2	∞	FR 常闭触头接触不良或误动作
	2-3	∞	SB₁ 常闭触头接触不良
	3-4	∞	SB₂ 常开触头接触不良
	4-5	∞	KM₂ 常闭触头接触不良
	5-6	∞	SQ 常闭触头接触不良
	6-0	∞	KM₁ 线圈断路

电阻分段测量法的优点是安全，缺点是测量电阻值不准确时易造成判断错误，为此应注意以下几点：

1）用电阻测量法检查故障时，一定要先切断电源。

2）所测量电路若与其他电路并联，必须将该电路与其他电路断开，否则所测电阻值不准确。

3）测量高电阻电器元件时，要将万用表的电阻挡转换到适当挡位。

（2）电阻分阶测量法：测量检查时，首先把万用表的转换开关置于倍率适当的电阻挡上，然后按图 7-2-11 所示方法进行测量。

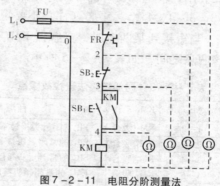

图 7-2-11　电阻分阶测量法

断开主电路，接通控制电路电源，若按下启动 SB$_1$ 时，接触器 KM 不吸合，则说明控制电路有故障。

检测时，首先切断控制电路电源，然后一人按下 SB$_1$ 不放，然后由另一人用万用表测出 0-2、0-3、0-4 点之间的电阻值。根据测量结果可找出故障点，如表 7-2-4 所示。

表 7-2-4　电阻分阶测量法查找故障点

故障现象	测试状态	0-1	0-2	0-3	0-4	故障点
按下 SB$_1$ 时，KM 不吸合	按下 SB$_1$ 不放	∞	R	R	R	FR 常闭触头接触不良
		∞	∞	R	R	SB$_2$ 常闭触头接触不良
		∞	∞	∞	R	SB$_1$ 接触不良
		∞	∞	∞	∞	KM 线圈断路

4. 短接法　机床电气设备的常见故障为断路故障，如导线断路、虚连、虚焊、触头接触不良、熔断器熔断等。对这类故

障，除用电压法和电阻法检查外，还有一种更为简便可靠的方法，就是短接法。检查时，用一根绝缘良好的导线，将所怀疑的断路部位短接，若短接到某处的电路接通，则说明该处断路。

（1）局部短接法：检查前，先用万用表测量图 7 - 2 - 12 所示的 1 - 0 点间的电压，若电压正常，可一人按下启动按钮 SB$_2$ 不放，然后另一人用一根绝缘良好的导线，分别短接标号相邻的两点 1 - 2、2 - 3、3 - 4、4 - 5、5 - 6（注意不要短接 6 - 0 两点，否则造成短路），当短接到某两点时，接触器 KM$_1$ 吸合，即说明断路故障就在该两点之间，如表 7 - 2 - 5 所示。

表 7 - 2 - 5　局部短接法查找故障点

故障现象	短接点标号	KM$_1$ 动作	故障点
按下 SB$_1$ 时， KM$_2$ 不吸合	1—2	KM$_1$ 吸合	FR 常闭触头接触不良或误动作
	2—3	KM$_1$ 吸合	SB$_1$ 的常闭触头接触不良
	3—4	KM$_1$ 吸合	SB$_2$ 的常开触头接触不良
	4—5	KM$_1$ 吸合	KM$_2$ 的常闭触头接触不良
	5—6	KM$_1$ 吸合	SQ 的常闭触头接触不良

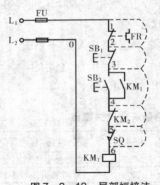

图 7 - 2 - 12　局部短接法

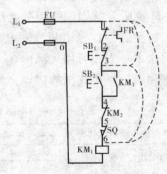

图 7 - 2 - 13　长短接法

（2）长短接法：长短接法是指一次短接两个或多个触头来检查故障的方法。当 FR 的常闭触头和 SB$_1$ 的常闭触头同时接触不良时，若用局部短接法短接图 7 - 2 - 13 中的 1 - 2 两点，按下

SB_2，KM_1 仍不能吸合，则可能造成判断错误。而用长短接法将 1－6 两点短接，如果 KM_1 吸合，则说明 1－6 这段电路上有断路故障，然后再用局部短接法逐段找出故障点。

（3）注意事项：

1）应用短接法时是用手拿着绝缘导线带电操作的，所以一定要注意安全，避免发生触电事故。

2）应确认所检查的电路电压是正常时，才能进行检查。

3）短接法只适于压降极小的导线、电流不大的触点的短路故障。对于压降较大的电阻、线圈、绕组等断路故障，不得用短接法，否则就会出现短路故障。

4）对于机床的某些重要部位，要慎重行事，必须保障电气设备或机械部位不出现事故的情况下才能使用短接法。

5）在怀疑熔断器熔断或接触器的主触点断路时，先要估计一下电流，一般在 5A 以下时才能使用，否则容易产生较大的火花。

5. 强迫闭合法　在排除机床电器元件故障时，若经过直观检查后没有找到故障点，而手头也没有适当的仪表进行测量，可用一绝缘棒将有关的继电器、接触器、电磁铁等用外力强行按下，使其常开触点或衔铁闭合，然后观察机床电气部分或机械部分出现的各种现象，如电动机从不转到转动，机床相应的部分从不动到正常运行等。利用这些外部现象的变化来判断故障点的方法叫强迫闭合法。

（1）检查方法和步骤：

1）检查一条回路的故障：在异步电动机控制电路（图 7－2－14）中，若按下启动按钮 SB_1，接触器 KM 不吸合，可用一细绝缘棒或绝缘良好的螺丝刀（注意手不能碰金属部分），从接触器灭弧罩的中间孔（对小型接触器用两绝缘棒对准两侧的触点支架）快速按下然后迅速松开，可能有如下情况出现：

a. 电动机启动，接触器不再释放，说明启动按钮 SB_1 接触不良。

b. 强迫闭合时，若电动机不转但有"嗡嗡"的声音，松开时看到三个触点都有火花，且亮度均匀，说明电动机过载或辅助电路中的热继电器 FR 常闭触点跳开。

c. 强迫闭合时，若电动机运转正常，松开后电动机停转，同时接触器也随之跳开，说明辅助电路中的熔断器 FU 熔断或停止，启动按钮接触不良。

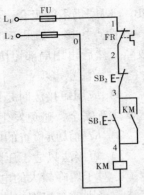

图 7-2-14 自锁控制电路

d. 若强迫闭合时电动机不转，有"嗡嗡"声，松开时接触器的主触点只有两触点有火花，说明电动机主电路一相断路，接触器一主触点接触不良。

2）检查多支路自动控制电路的故障：在多支路自动控制降压启动电路（图 7-2-15）启动时，定子绕组上串联电阻 R，限制了启动电流。在电动机上升到一定数值时，时间继电器 KT 动作，它的常开触点闭合，接通 KM$_2$ 电路，启动电阻 R 自动短接，电动机正常运行。如果按下启动按钮 SB$_1$，接触器不吸合，可将 KM$_1$ 强迫闭合，松开后看 KM$_1$ 是否保持在吸合位置，电动机在强迫闭合瞬间是否启动。如果 KM$_1$ 随绝缘棒松开而释放，但电动机转动了，则故障发生在停止按钮 SB$_2$、热继电器 FR 触点或 KM$_1$ 本身。如电动机不转，故障发生在主电路熔断器，或因电源无电压等。如 KM$_1$ 不再释放，电动机正常运转，故障在启动按钮 SB$_1$ 和 KM 的自锁触点。

当按下启动按钮 SB$_1$，KM$_1$ 吸合，时间继电器 KT 不吸合，故障发生在时间继电器线圈电路或它的机械部分。如时间继电器吸合，但 KM$_2$ 不吸合，可用小螺丝旋具按压 KT 上的微动开关触杆，注意听是否有开关动作的声音，如有声音且电动机正常运行，说明微动开关装配不正确。

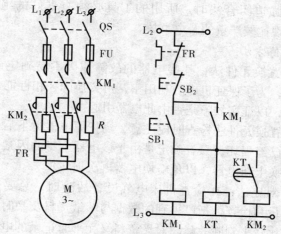

图7-2-15　多支路自动控制降压启动电路

（2）注意事项：用强迫闭合法检查电路故障，如运用得当，比较简单易行。但运用不好也容易出现人身和设备事故，所以应注意以下几点：

1）运用强迫闭合法时，应对机床电路控制程序比较熟悉，对要强迫闭合的电器与机床机械部分的传动关系比较明确。

2）用强迫闭合法前，必须对发生故障的整个电气设备、电器做仔细的外部检查，如发现以下情况，不得用强迫闭合法检查：

a. 具有联锁保护的正反转控制电路中，两个接触器中有一个未释放，不得强迫闭合另一个接触器。

b. Y－△启动控制电路中，当接触器 KM 没有释放时，不能强迫闭合其他接触器。

c. 机床的运动机械部件已达到极限位置又弄不清反向控制关系时，不要随便采用强迫闭合法。

d. 当强迫闭合某电器时可能造成机械部分（机床夹紧装置

等）严重损坏时，不得用强迫闭合法检查。

　　e. 用强迫闭合法时，所用的工具必须有良好的绝缘性能，否则会出现比较严重的触电事故。

　　6. 其他方法

　　（1）置换元件法：某些电器的故障原因不易确定或检查时间过长时，为了保证机床的利用率，可置换同一相性能良好的元器件实验，以证实故障是否由此电器引起。

　　运用置换元件法检查时应注意，当把原电器拆下后，要认真检查是否已经损坏，只有确定是由于该电器本身的因素造成损坏时，才能换上新电器，以免新换电器再次损坏。

　　（2）对比法：在检查机床电气设备故障时，总要进行各种方法的测量和检查，把已得到的数据与图纸资料及平时记录的正常参数相比较来判断故障。对无资料又无平时记录的电器，可与同型号的完好电器相比较，来分析检查故障，这种检查方法叫对比法。

　　对比法在检查故障时经常使用，如比较继电器、接触器的线圈电阻、弹簧压力、动作时间、工作时发出的声音等。

　　电路中的电器元件属于同样控制性质，或多个元件共同控制同一设备时，可以利用其他相似的或同一电源的元件动作情况来判断故障。例如，异步电动机正反转控制电路，若正转接触器 KM_1 不吸合，可操纵反转，看接触器 KM_1 是否吸合，如吸合，则证明 KM_1 电路本身有故障。再如反转接触器吸合时，电动机两组运转，可操作电动机正转，若电动机运转正常，说明 KM_1 主触点或连线有一相接触不良或断路。

　　（3）逐步断路法（或接入）法：多支路并联且控制较复杂的电路短路或接地时，一般有明显的外部表现，如冒烟、有火花等。电动机内部或带有护罩的电路短路、接地时，除熔断器熔断外，不易发现其他外部现象。这种情况可采用逐步断路（或接入）法检查。

1）逐步断路法：遇到难以检查的短路或接地故障，可重新更换熔体，把多支路并联电路一条一条逐步或重点地从电路中断开，然后通电试验。若熔断器不再熔断，故障就在刚刚断开的这条断开的支路上。然后再将这条支路分成几段，逐段地接入电路。当接入某段电路时熔断器又熔断，故障就在这段电路及其电器元件上。这种方法简单，但容易把已损坏但不严重的电器元件彻底烧毁。为了避免发生这种现象，可采用逐步接入法。

2）逐步接入法：电路出现短路或接地故障时，换上新熔断器逐步或重点地将各支路一条一条的接入电源，重新试验。当接到某段时熔断器又熔断，故障就在这条电路及其所包含的电器元件上。这种方法叫逐步接入法。

注意事项：逐步接入（或断路）法是检查故障时较少用的一种方法，它有可能使故障的电器损坏得更厉害，而且拆卸的线头特别多，很费力，只在遇到较难排除的故障时才用这种方法。在用逐步接入法排除故障时因大多数并联支路已经拆除，为了保护电器，可用较小容量的熔断器接入电路进行试验。对于某些不易购买且尚能修复的电器元件，出现故障时，可用欧姆表或兆欧表进行接入或断路检查。

（二）　电动机基本控制线路故障检修的一般步骤

（1）用试验法观察故障现象，初步判定故障范围：试验法是在不扩大故障范围，不损坏电气设备和机械设备的前提下，对线路进行通电试验，通过观察电气设备和电器元件的动作，看它是否正常、各控制环节的动作程序是否符合要求，找出故障发生的部位或回路。

（2）根据逻辑分析法缩小故障范围：逻辑分析法是根据电气控制线路的工作原理、控制环节的动作顺序以及它们之间的联系，结合故障现象作具体的分析，迅速地缩小故障范围，从而判断出故障所在。这种方法是一种以准确为前提，以快为目的的检查方法，特别适用于对复杂线路的故障检查。

　　（3）用测量法确定故障点：测量法是利用电工工具和仪表（如测电笔、万用表、钳形表、兆欧表等）对线路进行带电或断电测量并查找故障点的有效方法。

　　（4）根据故障点的不同情况，采取正确的维修方法排除故障。

　　（5）检修完毕，进行通电空载校验或局部空载校验。

　　（6）校验合格，通电正常运行。

　　在实际维修工作中，由于电动机控制线路的故障是多种多样的，就是同一种故障现象，发生的故障部位也不一定相同。因此，采用以上故障检修方法和步骤时，不要生搬应套，而应按不同的故障情况灵活运用，妥善处理，力求迅速、准确地找出故障点，查明故障原因，及时正确地排除故障。

第八章　变压器及其维修

变压器是一种常见的电气设备，它利用电磁感应原理，将某一数值的交变电压变换为同频率的另一数值的交变电压。变压器不仅对电力系统中电能的传输、分配和安全使用有重要意义，而且广泛应用于电气控制、电子技术、测试技术及焊接技术等领域。

第一节　变压器介绍

一、变压器的分类

变压器种类很多，通常可按其用途、绕组结构、铁芯结构、相数、冷却方式等进行分类。

（一）按用途分类

1. 电力变压器　电力变压器用于电能的输送与分配，如图8-1-1所示，它是生产数量最多、使用最广泛的变压器。电力变压器按功能不同可分为升压变压器、降压变压器、配电变压器等。电力变压器的容量可从几十千伏安到几十万千伏安，电压等级从几百伏到几百千伏。

2. 特种变压器　特种变压器是在特殊场合使用的变压器，如作为焊接电源的电焊变压器，专供大功率电炉使用的电炉变压

图 8 - 1 - 1　电力变压器

器，将交流电整流成直流电时使用的整流变压器等。如图 8 - 1 - 2 所示。

a.电焊变压器　　　　　　b.三相自耦变压器

图 8 - 1 - 2　特种变压器

3. 仪用互感器　仪用互感器用于电工测量中，如电流互感器、电压互感器等，分别如图 8 - 1 - 3 和图 8 - 1 - 4 所示。

4. 控制变压器　控制变压器的容量一般比较小，用于小功率电源系统和自动控制系统，如电源变压器、输入变压器、输出变压器、脉冲变压器等。如图 8 - 1 - 5 所示。

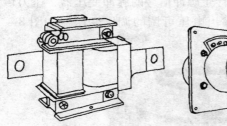

a. 干式LQG-0.5型　　　b. 浇注绝缘式LDZJ1-10型　　c. 油浸式LCWD2-110型

图8-1-3　电流互感器的种类

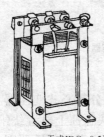
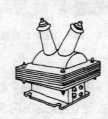

a. 干式JDG-0.5型　　　b. 浇注绝缘式JDGJ-10型　　　c. 油浸式JDJJ-35型

图8-1-4　电压互感器的种类

a. 壳式控制变压器　　　　　　　　b. 芯式控制变压器

图8-1-5　控制变压器

5. 其他变压器　其他变压器包括试验用的高压变压器、输出电压可调的调压变压器、产生脉冲信号的脉冲变压器、压力传感器中的差动变压器等。输出电压可调的调压变压器如图 8 - 1 - 6 所示。

图 8 - 1 - 6 输出电压可调的调压变压器

（二）根据结构分类

根据变压器铁芯的结构形式，可将变压器分为心式变压器和壳式变压器两大类。心式变压器是在两侧的铁芯柱上放置绕组，形成绕组包围铁芯的形式，如图 8 - 1 - 7 所示。壳式变压器则是在中间的铁芯柱上放置绕组，形成铁芯包围绕组的形状，如图 8 - 1 - 8 所示。

二、电力变压器

用途不同，变压器的结构也有所不同。如按冷却方式进行分类，电力变压器可分为油浸式变压器（常用于大、中型变压器）、风冷式变压器（强迫油循环风冷，用于大型变压器）、自冷式变压器（空气冷却，用于中、小型变压器）、干式变压器（用于安全防火要求较高的场合，如地铁、机场及高层建筑等）。多数电力变压器是油浸式的。油浸式变压器是由绕组和铁芯组成器身，为了解决散热、绝缘、密封、安全等问题，还需要油箱、绝缘套管、储油柜、冷却装置、压力释放阀、安全气道、温度计

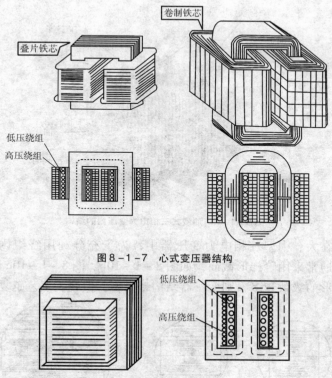

图 8 - 1 - 7 心式变压器结构

图 8 - 1 - 8 壳式变压器结构

和气体继电器等附件。油浸式三相电力变压器的结构如图 8 - 1 - 9 所示。

（一）铁芯

铁芯是油浸式三相电力变压器的磁路部分，与单相变压器一样，它也是由 0.35 mm 厚的硅钢片叠压（或卷制）而成，新型电力变压器铁芯均用冷轧晶粒取向硅钢片制作，以降低其损耗。油浸式三相电力变压器的铁芯均采用心式结构。

铁芯柱的截面形状与变压器的容量有关，单相变压器及小型三相电力变压器采用正方形或长方形截面，如图 8 - 1 - 10a 所

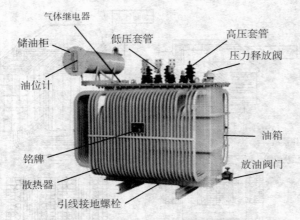

图 8 - 1 - 9　油浸式三相电力变压器的结构

示；在大、中型三相电力变压器中，为了充分利用绕组内的空间，通常采用阶梯形截面，如图 8 - 1 - 10b、图 8 - 1 - 10c 所示。阶梯形的级数越多，则变压器结构越紧凑，但叠装工艺越复杂。

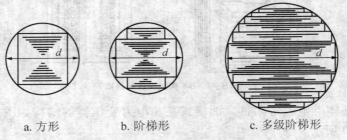

a. 方形　　　　　b. 阶梯形　　　　c. 多级阶梯形

图 8 - 1 - 10　铁芯柱截面形状

（二）绕组

绕组是三相电力变压器的电路部分。一般用绝缘纸包的扁铜线或扁铝线绕成。绕组的结构形式与单相变压器一样有同心式绕组和交叠式绕组。当前新型的绕组结构为箔式绕组，绕组用铝箔或铜箔氧化技术和特殊工艺绕制，使变压器整体性能得到较大提高，我国已开始批量生产。

（三）油箱和冷却装置

由于三相变压器主要用于电力系统进行电压等级的变换，因此其容量都比较大，电压也比较高，为了铁芯和绕组的散热和绝缘，可将其置于绝缘的变压器油内，而油则盛放在油箱内，如图8-1-9所示。为了增加散热面积，一般在油箱四周加装散热装置，老型号的电力变压器采用在油箱四周加焊扁形散热油管，新型电力变压器较多采用片式散热器散热。容量大于 10 000 kV·A 的电力变压器，采用风吹冷却或强迫油循环冷却装置。

较多的变压器在油箱上部还安装有储油柜，它通过连接管与油箱相通。储油柜内的油面高度随变压器油的热胀冷缩而变动。储油柜使变压器油与空气的接触面积大为减小，从而减缓了变压器油的老化速度。新型的全充油密封式电力变压器则取消了储油柜，运行时变压器油的体积变化完全由设在侧壁的膨胀式散热器（金属波纹油箱）来补偿，变压器端盖与箱体之间焊为一体，设备免维护，运行安全可靠。我国的 S10 系列低损耗电力变压器是新型电力变压器的典型代表，现已开始批量生产。

我国生产的多种系列电力变压器，多数采用油浸式冷却，根据容量不同，可分成下列几种，如表8-1-1所示。

表8-1-1　油浸式电力变压器的种类

种类	冷却方式	图示
油浸自冷式(ONAN)	主要有 SJ 系列和 SJL 系列（铝线） 冷却方式：当变压器运行时油温上升，根据热油上升、冷油下降原理形成自然对流，流动的油将热量传给油箱体和外侧的散热器，然后依靠空气的对流传导将热量向周围散发，从而达到冷却效果	

种类	冷却方式	图示
油浸风冷式(ONAF)	主要有 SP 系列，其结构如右图所示 冷却方式：在油浸自冷式的基础上，在油箱壁或散热管上加装风扇，利用吹风机帮助冷却。而且风力可调，以适用于短期过载。加装风冷后可使变压器的容量增加30% ~35%。多应用于容量在10 000 kV·A 及以上的变压器	 冷却风扇
强迫油循环风冷式(OFAF)	主要有 SFP 系列 冷却方式：在油浸自冷式的基础上，利用油泵强迫油循环，并且在散热器外加风扇风冷，以提高散热效果	
强迫油循环水冷式(OFWF)	主要有 SSP 系列 冷却方式：在油浸自冷式的基础上，利用油泵强迫油循环，并且利用循环水作冷却介质提高散热效果	 冷却风扇

（四）保护装置

电力变压器常用的保护装置种类及作用如表 8 – 1 – 2 所示。

表 8 - 1 - 2　电力变压器常用的保护装置种类及作用

种类	图示	作用
气体继电器（瓦斯继电器）		气体继电器装在油箱与储油柜之间的管道中，当变压器发生故障时，器身就会过热，使油分解产生气体。气体进入继电器内，使其中一个倾侧开关（俗称水银开关）接通（上浮筒动作），发出报警信号。此时应立即将继电器中气体放出检查，若为无色、不可燃的气体，变压器可继续运行；若为有色、有焦味、可燃的气体，则应立即停电检查。当事故严重时，变压器油膨胀，冲击继电器内的挡板，使另一个水银开关接通跳闸回路（下浮筒动作），切断电源，避免故障扩大
安全气道		安全气道又称为防爆管，装在油箱顶盖上，是一个长钢筒，出口处有一块厚度约 2 mm 的密封玻璃板（防爆膜），玻璃上划有几道缝。当变压器内部发生严重故障而产生大量气体，内部压力超过 50 kPa 时，油和气体会冲破防爆玻璃喷出，从而避免了油箱爆炸引起的更大危害。安全气道目前已较少使用，逐渐已被压力释放阀取代
压力释放阀		目前在变压器中，尤其是在全密封变压器中，都广泛采用压力释放阀做保护，它的动作压力为 53.9 kPa ± 4.9 kPa，关闭压力为 29.4 kPa，动作时间不大于 2 ms。动作时膜盘被顶开释放压力，平时膜盘靠弹簧拉力紧贴阀座（密封圈）起密封作用

（五）分接开关

变压器的输出电压可能因负载和一次绕组电压的变化而变化，可通过分接开关改变线圈匝数来调节输出电压。分接开关如

表 8 - 1 - 3 所示。

表 8 - 1 - 3　分接开关

附件名称	图示	作用
无励磁调压分接开关		无励磁调压是指变压器一次侧脱离电源后调压，常用的无励磁调压分接开关调节范围为额定输出电压的 ±5% 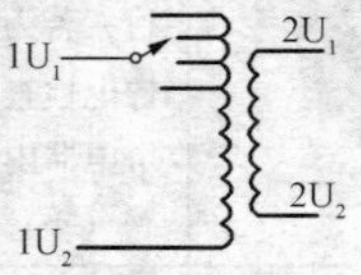 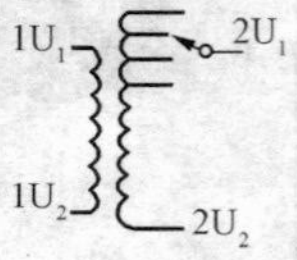 一次侧励磁调压原理　二次侧励磁调压原理
有载调压分接开关		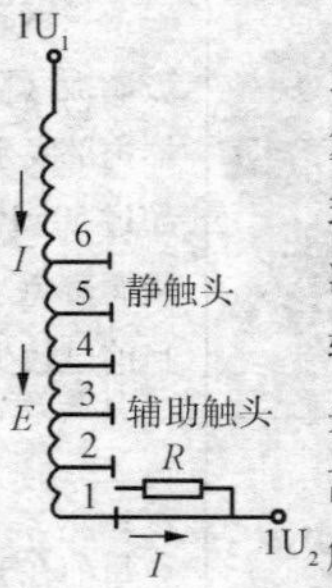 有载调压开关的动触头由主触头和辅助触头组成，有复合式和组合式两类，组合式调节范围可达 ±15%。每次调节主触头尚未脱开时，辅助触头已与下一挡的静触头接触了，然后主触头才脱离原来的静触头，而且辅助触头上有限流阻抗，可以大大减少电弧，使供电不会间断，改善供电质量

（六）绝缘套管

　　绝缘套管穿过油箱盖，将油箱中变压器绕组的输入、输出线从箱内引到箱外与电网相接。绝缘套管由外部的瓷套和中间的导电杆组成，对它的要求主要是绝缘性能和密封性能要好。如图 8 - 1 - 11 所示。根据运行电压的不同，可将绝缘套管分为充气式和充油式两种，后者为高电压用（60 kV 用充油式）。当用于更高电压时（110 kV 以上），可在充油式绝缘套管中包多层绝缘层和铝箔层，使电场均匀分布，增强绝缘性能。根据运行环境的不同，又可将绝缘套管分为户内式和户外式。

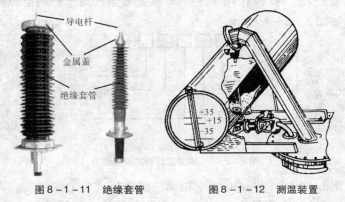

图 8 - 1 - 11　绝缘套管　　　　图 8 - 1 - 12　测温装置

（七）测温装置

测温装置就是热保护装置。变压器的寿命取决于变压器的运行温度，因此对油温和绕组的温度监测是很重要的。通常用三种温度计监测，箱盖上设置酒精温度计，其特点是计量精确但观察不便；变压器上装有信号温度计，便于观察；箱盖上还装有电阻式温度计，用于远距离监测。如图 8 - 1 - 12 所示。

第二节　变压器的使用

一、变压器的铭牌及型号

为了使变压器安全、经济运行，并保证一定的使用寿命，制造厂按标准规定了变压器的额定数据，并标写在铭牌上。铭牌上的主要技术数据有变压器的型号、额定容量、额定电压、额定电流、额定频率等。

（一）型号和含义

型号表示变压器的结构特点、额定容量和高压侧的电压等级等，如图 8 - 2 - 1 所示。

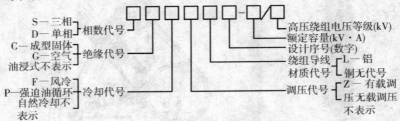

S—三相
D—单相 } 相数代号

C—成型固体
G—空气 } 绝缘代号
油浸式不表示

F—风冷
P—强迫油循环 } 冷却代号
自然冷却不表示

高压绕组电压等级(kV)
额定容量(kV·A)
设计序号(数字)
绕组导线 { L—铝
材质代号 { 铜无代号
调压代号 { Z—有载调
压无载调压
不表示

图 8 - 2 - 1　电力变压器的型号表示

例如，SL9 - 800/10 为三相铝绕组油浸式电力变压器，设计序号为 9，额定容量为 800 kV·A，高压绕组电压等级为 10 kV。

（二）额定电压（U_{1N}、U_{2N}）

一次绕组的额定电压 U_{1N} 是指变压器额定运行时，一次绕组上所加的电压。二次绕组的额定电压 U_{2N} 为变压器空载情况下，当一次绕组加上额定电压时，二次侧测量的空载电压值。变压器额定电压的确定取决于绝缘材料的介电常数和允许温升。额定电压对三相变压器是指线电压，单位是 V 或 kV。

（三）额定电流（I_{1N}、I_{2N}）

额定电流是变压器绕组允许长期连续通过的工作电流，是指在某环境温度、某种冷却条件下允许的满载电流值。当环境温度、冷却条件改变时，额定电流也应变化。如干式变压器加风扇散热后，电流可提高 50%。在三相变压器中，额定电流指的是线电流，单位是 A。

（四）额定容量（S_N）

变压器的额定容量是指变压器的视在功率，表示变压器在额定条件下的最大输出功率。其大小是由变压器的额定电压 U_{2N} 与

额定电流 I_{2N} 决定的，当然也受到环境温度、冷却条件的影响。容量的单位是 $V \cdot A$ 或 $kV \cdot A$。

单相变压器额定容量：$S_N = U_{2N}I_{2N}$

三相变压器额定容量：$S_N = \sqrt{3}U_{2N}I_{2N}$

（五）　额定频率（f_N）

我国规定变压器额定频率为 50 Hz。有些国家规定额定频率为 60 Hz。

（六）　温升（T）

温升是变压器在额定工作条件下，内部绕组允许的最高温度与环境的温度差，它取决于所用绝缘材料的等级。如油浸变压器中用的绝缘材料都是 A 级绝缘。国家规定线圈温升为 65 ℃，考虑最高环境温度为 40 ℃，则 65 ℃ + 40 ℃ = 105 ℃，这就是变压器线圈的极限工作温度。

除额定值外，铭牌上还标有变压器的相数、连接组、接线图、短路电压百分值、变压器的运行及冷却方式等。为了便于运输和吊装，还标有变压器的总重、油重和器身的重量等。

二、三相变压器绕组的连接

如果将三个高压绕组或三个低压绕组连成三相绕组时，则有两种基本接法——星形（Y）接法和三角形（△）接法。

（一）　Y 接法

Y 接法是将三个绕组的末端连在一起，接成中性点，再将三个绕组的首端引出箱外，其接线如图 8 – 2 – 2a 所示。如果中性点也引出箱外，则称为中点引出箱外的星形接法，以符号 "YN" 表示。

（二）　△接法

△接法是将三个绕组的各相首尾相接构成一个闭合回路，把

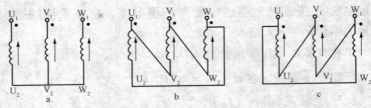

图 8 - 2 - 2 三相变压器绕组的连接

三个连接点接到电源上去，如图 8 - 2 - 2b、8 - 2 - 2c 所示。因为首尾连接的顺序不同，可分为正相序（图 8 - 2 - 2c）和反相序（图 8 - 2 - 2b）两种接法。

三相变压器绕组的连接形式及特点如表 8 - 2 - 2 所示。

表 8 - 2 - 2 三相变压器绕组的连接形式及特点

接法	相量图	优缺点
Y 接法		Y 接法的优点： （1）相电压为△接法的 $1/\sqrt{3}$，可节省绝缘材料，对高电压特别有利 （2）有中性点可引出，适合于三相四线制，可提供两种电压 （3）中点附近电压低，有利于装分接开关 （4）相电流大，导线粗，强度大，匝间电容大，能承受较高的电压冲击 Y 接法的缺点： （1）没有中线时，电流中没有三次谐波，这会使磁通中有三次谐波存在（因磁路的饱和造成），而这个磁通只能从空气和油箱中通过（指三相变压器），造成损耗增加，所以 1 800 kV·A 以上的变压器不能采用这种接法 （2）中性点要直接接地，否则当三相负载不平衡时，中点电位会严重偏移，对安全不利 （3）当某相发生故障时，只好整机停用，而不像△接法还有可能接成 V 形运行

续表

接法	相量图	优缺点
△接法 （反相序）	$\dot{E}_U$ $\dot{E}_V$ $\dot{E}_W$	△接法的优点： （1）输出电流是 Y 接法的$\sqrt{3}$倍，可以省铜，对大电流变压器很合适 （2）当一相有故障时，另外两相可接成 V 形运行供给三相电 △接法的缺点是没有中性点，没有接地点，不能接成三相四线制
△接法 （正相序）	$\dot{E}_U$ $\dot{E}_W$ $\dot{E}_V$	

不管是△接法还是 Y 接法，如果一侧有一相首尾接反了，磁通就不对称，空载电流 I_0 就会急剧增加，造成严重事故，这是不允许的。

三、三相变压器绕组的连接组

变压器的一次绕组、二次绕组，根据不同的需要可以有△或 Y 两种接法，一次绕组的△接法用 D 表示，Y 接法用 Y 表示，Y 接法有中线时用 YN 表示；二次绕组对应的接法分别用小写 d、y 和 yn 表示。一次、二次绕组不同的接法，形成了不同的连接组别，也反映出不同的一次、二次的线电压之间的相位关系。为表示这种相位关系，国际上采用了时钟表示法的连接组标号予以区分，即把一次绕组线电压相量为长针，永远指向 12 点位置，相对应的二次绕组线电压相量为短针，它指几点钟，就是连接组别的标号。

如 Y，d11 表示高压边为 Y 接法，低压边为△接法，一次绕组线电压落后二次绕组的线电压相位30°。虽然连接组别有许多，但为了便于制造和使用，国家标准规定了五种常用的连接组，如表 8 − 2 − 3 所示。

表 8 - 2 - 3　三相变压器绕组的连接组别

连接组标号	连接图		一般适用场合
Y，yn0			三相四线制供电，即同时有动力负载和照明负载的场合
Y，d11			一次绕组线电压在 35 kV 以下，二次绕组线电压高于 400 V 的线路中
YN，d11			一次绕组线电压在 110 kV 以上的，中性点需要直接接地或经阻抗接地的超高压电力系统

续表

连接组标号	连接图		一般适用场合
YN，yo			高压中性点需接地场合
Y，yo			三相动力负载

四、变压器在运行中的检查与维护

（一）电力变压器的运行检查维护

1. 电力变压器投入运行前的检查　无论是新型变压器还是检修以后的变压器，在投入运行前都必须进行仔细检查。

（1）检查型号和规格：检查电力变压器型号和规格是否符合要求。

（2）检查各种保护装置：检查熔断器的规格型号是否符合要求；报警系统、继电保护系统是否完好，工作是否可靠；避雷装置是否完好；气体继电器是否完好，内部有无气体存在，如有气体存在应打开气阀盖，放掉气体，如图 8 - 2 - 3 所示。检查浮筒、活动挡板和水银开关动作位置是否正确。

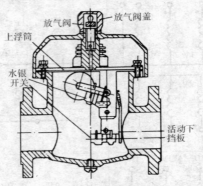

图 8 - 2 - 3　气体继电器原理

（3）检查监视装置：检查各测量仪表的规格是否符合要求，是否完好；油温指示器、油位显示器是否完好，油位是否在与环境温度相应的油位线上。

（4）外观检查：检查箱体各个部分有无渗油现象；防爆膜是否完好；箱体是否可靠接地；各电压级的出线套管是否有裂缝、损伤，安装是否牢靠；导电排及电缆连接处是否牢固可靠。

（5）检查消防设备的数量和种类是否符合规定要求。

（6）测量各电压级绕组对地的绝缘电阻：20 ~ 30 kV 变压器的不低于 300 MΩ，3 ~ 6 kV 变压器的不低于 200 MΩ，0.4 kV 以下变压器的不低于 90 MΩ。

2. 变压器投入运行中应进行的检查　为保证变压器安全运行，变压器在运行中要定期检查，以提高变电质量和及时发现、消除故障。

（1）监视仪表：电压表、电流表、功率表等应每小时抄表一次，在过载运行时，应每半小时抄表一次，仪表不在控制室时每班至少抄表两次。温度计安装在配电盘上的，在记录电流数值时同时记录温度；温度计安装在变压器上的应在巡视变压器时进行记录。

（2）现场检查：有值班人员的应每班检查一次，每天至少检查一次，每星期进行一次夜间检查。无固定人员值班的至少每两月检查一次，遇特殊情况或气候急剧变化时要进行及时检查。定期检查的内容有：

1）检查磁套管表面是否清洁，有无破损裂纹及放电痕迹，螺栓有无损坏及其他异常情况，如发现上述缺陷，应尽快停电检修。

2）检查箱壳有无渗油和漏油现象，严重的要及时处理。检查散热管温度是否均匀。

3）检查储油柜的油位高度是否正常，若发现油面过低应加油；检查油色是否正常，必要时进行油样化验。

4）检查油面温度计的温度与室温之差（温升）是否符合规定。对照负载情况，检查油温是否因变压器内部故障而引起过热。

5）观察防爆管上的防爆膜是否完好，有无冒烟现象。

6）观察导电排及电缆接头处有无发热变色现象，如贴有示温片，应检查蜡片是否熔化，如有熔化，应停电检查，找出原因并修复。

7）注意变压器有无异常声响，或响声是否比以前增大。

8）注意箱体接地是否良好。

9）观察变压器室内消防设备干燥剂是否吸潮变色，需要时进行烘干处理或调换。

10）定期进行油样化验。取油样时可用图 8－2－4 所示的溢流法。取样瓶应清洁，干燥不透光。取油样时先用软管与放油阀门接通，打开阀门，放掉一部分油，以冲洗阀门及软管的内表面，然后再放些油冲洗取样瓶和软管的外表面。清洗完毕后，将软管插入取样瓶底部，瓶内盛满油后，使油再溢出少许，在溢出过程中拉出软管，盖紧瓶盖，送交化验。

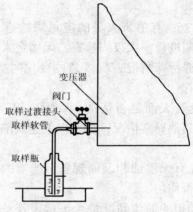

图 8 - 2 - 4　溢流法取油样

此外，进出变压器室时，应及时关门上锁，以防小动物窜入而引起重大事故。

（二）电力变压器的异常事故处理

（1）值班人员在变压器运行中发现异常现象时，应设法尽快消除，并报告上级和做好记录。

（2）发现有下列情况之一者，应立即停运变压器，并将备用变压器投入运行。

1）油浸式变压器外壳破裂，大量漏油。

2）变压器着火。

3）安全气道保护薄膜破裂，向外大量喷油。

4）套管闪络爆裂。

5）套管接头熔断。

6）变压器内部发生故障（铁芯短路、绕组匝间短路）、变压器保护装置失灵。在这种情况下，变压器必须停止运行。

（3）发现下列情况，应及时汇报和记录。

1）变压器内部声音异常，或有放电声。

2）变压器温度异常升高，散热器局部不热。

3）变压器局部漏油，油位计看不到油。

4）油色变化过大，油样化验不合格。

5）安全气道发生裂纹，防爆膜破碎。

6）端头引线发红、发热冒烟。

7）变压器上盖落上杂物，可能危及安全运行。

8）在正常负载下，油位上升，甚至溢油。

（4）变压器油温升高，超过允许限度的处理。

1）变压器油温升高超过允许限度时，值班人员应判明原因。将升高的油温与以前同环境温度、同负载时的油温作比较，如果是特殊升高，应及时报告并做详细记录，同时要采取办法降低温度。

2）检查温度表自身是否有故障。

3）检查变压器机械冷却装置或变压器室的通风情况。如果确定因冷却系统有故障，在运行中无法修理时，可考虑停下变压器处理，这时要启动备用变压器或降低负载运行。

如果变压器油温较平时（同一负载、同一冷却温度下）高出 10 ℃以上，而冷却系统、温度计、通风系统等均良好，可判定是变压器内部器身有故障（铁芯和绕组出现故障），变压器应停下来检查修理。

（5）断路器跳闸的检查及处理。

1）过电流继电器动作使断路器跳闸：

a. 立即查明故障原因，如果是外部原因（如过载、外部短路及其他等），未发现内部短路现象及放电烧伤痕迹，应迅速联系恢复送电。

b. 经检查确认是线路造成越级跳闸，可先切除故障回路，再迅速联系恢复送电。

c. 如果发生二次母线及变压器出口引线短路时，应对变压器整体仔细检查，并做好记录，进行全面试验，处理缺陷之后方能送电。

2）差动继电器动作使断路器跳闸：

a. 差动继电器在变压器投入时动作。如该变压器在投入运行之前，已做过绝缘试验和差动保护试验，经检查又无异常现象，可再次送电。如果再次送电后差动继电器又动作，就不能再次送电，而要检查清楚故障原因。如该变压器在投入运行之前，未做过绝缘试验和差动保护试验，则应进行线路及变压器的绝缘保护试验，合格后，才能再次投入。

b. 差动继电器在变压器运行中动作。检查变压器的一、二次断路器之间是否有短路、闪络、放电等现象；检查套管、电缆头、断路器、电流互感器引线等是否有烧伤放电等现象；检查变压器的安全气道有无喷油、溢油现象，变压器外壳有无裂纹跑油现象；拉开一、二次隔离开关，对变压器做全面高压绝缘试验。检查结果表明是保护回路故障时，应做保护试验，合格后，才能投入运行；如果是电流互感器故障，则应更换电流互感器或修理合格后再投入运行。所有检查无异常且试验合格后，变压器方可投入运行。

（6）气体继电器动作的处理。

1）信号回路动作：

a. 因加油、滤油在 24 h 内信号回路动作，属正常现象。

b. 信号回路动作时，值班人员应立即查明原因，如因温度降低、漏油、侵入空气使信号发生，值班人员应及时报告调度，立即处理。

c. 气体继电器内部存在气体时，应记录气量、鉴定气体颜色及是否可燃，并取气样和油样做色谱分析，同时报告主管领导。

d. 如果气样为无色、无臭、不燃，经色谱分析确认是空气，则变压器可继续运行。

e. 经分析气样确属变压器内部故障造成的.（气体可燃，色谱分析证明含量超过正常值），应请示领导，可考虑将变压器停运，或投入备用变压器。

f. 停下来的变压器做进一步试验检查（可吊心做全面检查分析）。

2）跳闸回路动作：

a. 跳闸回路动作，表明变压器内部有大于 $0.7 \sim 1.2$ m/s 的油流冲击到挡板式气体继电器，使其发生触点闭合，接通跳闸回路。这时要仔细检查变压器有无喷油现象，变压器内部绕组有无短路（匝间、层间短路故障），以及接地和分接开关有无接触不良等故障。此时应立刻报告调度，做好记录和处理准备工作。

b. 如果跳闸回路动作，又检查不出变压器本身异常现象，就应该详细检查保护回路，做保护及高压绝缘试验，处理合格后，才允许送电。

（7）变压器着火的处理。

1）发现变压器着火时，首先要断开电源，再断开着火变压器两侧的断路器。

2）停用冷却器，可考虑投入备用变压器。

3）迅速用灭火器准确投向着火区灭火，同时报告主管领导。

4）如果整台变压器已着火，火势较大，应立即通知消防队，急速灭火。如果火焰危及邻近设备，必须设法隔断火道，防止火焰扩大。

5）严禁用水扑灭燃油。

6）救火人员要穿戴绝缘靴和绝缘手套，用泡沫灭火器灭火。

参 考 文 献

［1］王建．电气设备安装与维修．北京：机械工业出版社，2007．

［2］王建．电气设备控制线路安装与维修．北京：中国劳动社会保障出版社，2007．

［3］李敬梅．电力拖动控制线路与技能训练．4版．北京：中国劳动社会保障出版社，2007．

［4］盛国林．电气故障检修方法与案例分析．北京：机械工业出版社，2009．

［5］芮静康．常见电气故障的诊断与维修．北京：机械工业出版社，2007．

［6］王建．维修电工技能训练．4版．北京：中国劳动社会保障出版社，2007．

［7］潘玉山．电气设备安装工（中级）．北京：机械工业出版社，2006．

［8］徐弟，孙俊英．建筑弱电工程安装技术．北京：金盾出版社，2006．

［9］王建，赵金周，李文惠．实用电气故障查找技术．沈阳：辽宁科学技术出版社，2011．